写给青少年的人工智能
应用

核桃编程 著

人民邮电出版社

北京

图书在版编目（ＣＩＰ）数据

写给青少年的人工智能. 应用 / 核桃编程著. -- 北京 : 人民邮电出版社，2022.5
ISBN 978-7-115-58377-2

Ⅰ．①写… Ⅱ．①核… Ⅲ．①人工智能－青少年读物
Ⅳ．①TP18-49

中国版本图书馆CIP数据核字(2021)第267915号

内 容 提 要

这是一本写给青少年看的人工智能科普图书，目的是帮助小读者启蒙科学素养，开阔科学视野，培养科学思维，锻炼动手能力，让小读者了解人工智能的过去、现在和未来，从而更好地融入人工智能时代。通过阅读本书，小读者不仅能了解到"生活中有哪些人工智能"，还会一睹很多人工智能发展的过程和细节：生活中的人工智能都是如何工作的，科学家如何提出问题并想到绝妙的点子，等等。所有这些都旨在激发孩子们的好奇心，帮助他们体会科学研究应具备的精神。

本书从"人工智能为人类服务所需要的功能特点"出发，讲述了图像识别、语音识别和合成、自然语言处理等功能及其实现，并从日常生活、医疗、艺术、农业、无人驾驶五个领域，分门别类地介绍了各种现实中已经存在或即将实现的人工智能应用，最后阐述了人工智能与人类社会如何相互影响及可能存在的问题。全书内容丰富，堪称人工智能的"博览会"。

- ◆ 著　　　　　核桃编程
  　　责任编辑　吴晋瑜
  　　责任印制　王　郁　焦志炜
- ◆ 人民邮电出版社出版发行　北京市丰台区成寿寺路 11 号
  　　邮编　100164　电子邮件　315@ptpress.com.cn
  　　网址　https://www.ptpress.com.cn
  　　雅迪云印（天津）科技有限公司印刷
- ◆ 开本：889×1194　1/20
  　　印张：6.8　　　　　　　　2022 年 5 月第 1 版
  　　字数：86 千字　　　　　　2022 年 5 月天津第 1 次印刷

定价：59.00 元
读者服务热线：(010)81055410　印装质量热线：(010)81055316
反盗版热线：(010)81055315
广告经营许可证：京东市监广登字 20170147 号

参与本书编写的成员名单

内容总策划： 曾鹏轩　王宇航

执 行 主 编： 庄　淼　丁倩玮　陈佳红　孔熹峻

插 画 师： 闫佩瑶　林方彪　黄昱鑫　王晶宇

致小读者

小读者们，大家好！我是"核桃编程"的宇航老师。提到"人工智能"（AI），你会想到什么呢？是能听懂你说话的智能音箱语音助手，还是能打败围棋世界冠军的 AlphaGo？是无人驾驶汽车，还是科幻电影里的超能机器人？相信你一定会浮想联翩。人工智能已经渗入我们生活、学习中的方方面面。

为什么这些各不相同的东西都叫作"人工智能"？在《写给青少年的人工智能　起源》一书中，我们探讨了"什么是人工智能"，并沿着人类使用工具的历史，回顾了原始工具以及人工智能的开端——达特茅斯会议，细数了近几十年来人工智能领域的重要发明创造。

那么，科学家们又是怎样研究出这些人工智能产品的呢？在《写给青少年的人工智能　发展》一书中，我们仿佛"进入"了科学家的大脑，沿着他们研究问题的思路，"亲身经历"了人工智能发展的过程，并最终了解常用的几种研究人工智能的思路：让机器学会推理，用机器构建大脑，让机器适应环境，等等。

经过几十年的努力，科学家们"八仙过海，各显神通"，研究出了各种各样的人工智能产品，将人工智能技术应用到了生活、医疗、艺术、农业、商业等领域。在本书中，我们会选取人工智能在各行各业中的典型而有趣的应用，让你了解现在的人工智能到底"智能"到了什么程度、"智能"体现在了哪些方面。

最后，还要告诉你一件好玩的事儿。为了让小读者读得懂、喜欢读，我们把人工智能科学中不好理解的名词和概念，尽可能地用形象的比喻或者贴近生活的类比加以解释，把抽象的知识点用风趣幽默的手绘插画加以诠释。插画中的这些角色可都是"核桃世界"的动漫明星噢，快去和他们打个招呼吧！

小读者们，快来开启你的人工智能启蒙之旅吧！

核桃编程联合创始人

王宇航

目 录 / CONTENTS

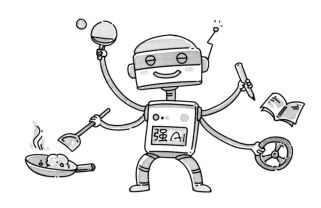

导　　读

在《写给青少年的人工智能　发展》一书中，我们跟随科学家的思路，了解了人工智能的发展历程，知道了什么是符号主义（推理机器和专家系统）、什么是联结主义（神经网络）以及什么是行为主义（强化学习），还知道了人工智能如何进行思考和决策。

现在，人工智能开始逐渐融入人们生活中的每一个角落。我们希望人工智能可以像人类一样，能感知世界，能和人交流，能理解人类的想法，进而更好地为人类服务，如图0-1所示。

感知　　　　　　　　　　交流　　　　　　　　　　理解

图0-1　让人工智能为人类服务

那么，人工智能到底是如何做到这些的，它在我们的生活中到底起了什么样的作用呢？生活中应用日渐广泛、越来越聪明的人工智能，究竟会对人类产生什么样的影响呢？让我们一探究竟吧！

明察秋毫的人工智能

 桃子：禾木，你要是再走路玩手机，就要撞到树了！

 禾木：哎呀，这个植物识别软件真是太有意思了，一路上我靠它认识了好多植物呢！

 桃子：禾木，你说它这么聪明，应该也算是人工智能吧！

 禾木：嗯，我认为是的。摄像头对于人工智能就像眼睛对于人类一样吧！

 小核桃：摄像头只是让人工智能具备"看"功能的硬件设备，但只有硬件是不够的，还需要有人工智能算法，这样才能理解看到的内容。下面我们就一起来看看，人工智能到底是如何"看见"的。

人工智能如何 "看世界"

眼睛是我们了解外界最重要的器官之一，我们接收的各种信息大部分来自视觉。因此，让人工智能拥有视觉、能识别图像非常重要。那么，如何才能让人工智能看见世界呢？

你可能会想，加个摄像头不就行了？当然没有这么简单，如果只是简单地安装摄像头，那么计算机只能 "视而不见"，就好比你看到一篇用完全不懂的文字写就的文章。计算机中的信息都是以二进制数字的形式存储的，摄像头拍摄的内容对于计算机来说也只不过是一串平平无奇的0和1而已，如图1-1所示。无人机可以携带摄像头飞过广阔的大地，但是如果没有盯着屏幕的摄影师，它根本认不出自己正在追踪的斑马；监控摄像头可以覆盖大街小巷，但是如果没有负责监控工作的警务人员，它也认不出隐匿在人群中的嫌疑人，如图1-2所示。

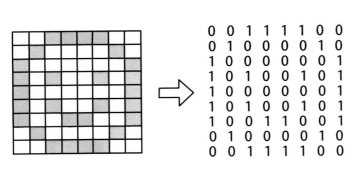

图1-1　图像在计算机中以
二进制数字0和1储存

图1-2　摄像头拍摄的视频一般需要人来解读

那么，有什么办法能让计算机真正 "看见" 呢？人类要看见东西，需要眼睛和大脑的配合，计算机也是如此。除了作为 "眼睛" 的摄像头，计算机还需要用作 "大

脑"的人工智能程序去分析摄像头拍摄的内容，如图1-3所示。计算机视觉就是研究如何开发出优秀的程序、让人工智能拥有视觉等问题的技术。和许多其他的重要问题一样，计算机视觉问题也是从人工智能诞生起就困扰着科学家们。还记得我们在《写给青少年的人工智能 发展》一书中提过罗森布拉特用感知机去分辨卡片上的左右标记吗？这其实就是早期对于"如何让机器看见"这个问题的一次探索。

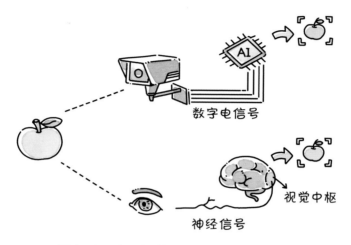

图1-3　人工智能程序就像人类的大脑

不过，直到深度神经网络逐步发展成熟，计算机视觉问题才真正得到了初步解决。

通常来说，计算机视觉主要需要解决四方面的任务：分类、定位、检测和分割。

分类很容易理解，就是去判断这幅图到底属于什么类别，或者是不是我们想要的图像，如图1-4所示。分类虽然简单，但它可是计算机视觉中重要的问题，是其他任务的基础。

如果我们能够判断出这幅图是什么，就可以进行下一步判断——目标在图中的什么位置。在实际应用中，定位一般是采用包围盒的方法实现的，其实就是用一个方框把目标圈起来，如图1-5所示。

分类

是不是猫科动物？

图1-4　分类

定位

猫

猫在哪里？

图1-5　定位

其实这个操作非常常见。大家在用手机里的相机拍照的时候，就会注意到镜头中的人脸周围会自动出现一个方框。这其实就是利用了计算机视觉的图像定位技术。定位人脸之后，相机就会利用算法对人脸进行更精细的拍摄，或者给你"美颜"一下。

检测比定位更进一步。这是因为，在定位目标时，通常只有一个目标，即使有多个目标，通常也是数目固定的，而且是同一种类，但是目标检测更一般化，图像中所出现目标的种类和数目都不确定。也就是说，定位一般是让计算机找出图像中的一只或者几只猫在哪里，但是检测需要计算机找出图像中的猫、狗、小老鼠、鸽子、香蕉、卡车等各种各样不同的目标在什么位置，如图1-6所示。因此，检测是比定位更具挑战性的任务。

不过你一定注意到了，检测和定位其实很像，所以，要进行检测的话，我们可以先只看图像的一部分，就好像从一个小窗口去看图像。虽然原图中可能有很多目标，但是我们从小窗口看到的一般只有一个目标。这样，就把复杂的检测变成了相对简单的定位，只要我们移动小窗口，扫描整个图像，就可以完成检测了，如图1-7所示。

图1-6　检测

图1-7　滑动窗口就像从小窗口看图像

　　分割比检测更加高级。检测只需要框出每个目标的包围盒，也就是画个框就行，但是分割需要进一步判断图像中的每个像素点是什么，我们可以将其比作"抠图"。

　　分割也可以分成两个层次，第一层是语义分割。什么是语义呢？顾名思义，就是语言的意义，比如"人"和"车"，这两个词语的意义就不同。在计算机领域，语义是指语言中各个成分的含义。也就是说，语义分割其实是把图像中"含义"相同或相近的物体筛选出来，如图1-8所示。

图1-8　语义分割

　　比语义分割更高级的是实例分割，也就是说，不仅要分出某一类对象，还要分出不

同的个体。让人工智能去看一张合影，它不仅要找出上面哪些像素点是人，还要分出这些像素点到底是禾木还是桃子，如图1-9所示。

图1-9 实例分割

计算机视觉是如何实现的

要让人工智能"看见"世界，现在我们优选卷积神经网络。卷积神经网络是深度神经网络的一种，它的工作原理和人类的视觉神经系统很像。

在用卷积神经网络进行识别之前，我们必须先对它进行训练，或者说让它进行学习，也就是把很多打好标签的图像输入神经网络。打标签就是给图像标记好名字，这就好像我们要认出物体前，势必要见过这个东西或者它的图像，至少要知道它是什么。

卷积神经网络在识别时，会一小个区域一小个区域地扫描图片，然后提取每一部分的特征。这一层神经元得到的特征一般都是线条、轮廓等。你可以认为它是在观察你脸上的每一点细节，耳朵的轮廓是否平滑，眼睛是单眼皮还是双眼皮。

后面的神经元会整合上一层的结构，识别出更复杂的特征，比如某个图案，或者从人脸图像识别出眼睛、耳朵等。

以此类推，卷积神经网络一层层地识别出更复杂、更大的图像，直至认出完整的图像，如图1-10所示。

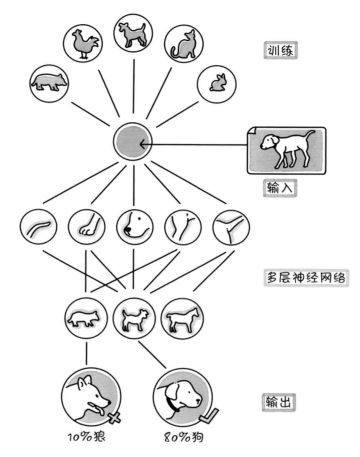

图1-10　神经网络如何从图像中识别出狗

人工智能为什么能"认出"人脸

计算机视觉技术的一个重要应用就是人脸识别。提到人脸识别，你一定不陌生。我们已经在越来越多的场景中看到了人脸识别的应用，例如，解锁手机用到了人脸识

别，输入密码用到了人脸识别，乘坐火车进站登记也用到了人脸识别。

那么，人工智能是怎么"认出"人与人之间的不同呢？总不可能是拍两张照片直接比较是不是同一张照片吧？毕竟只要换个表情、转一下头，得到的照片就不一样了。

人类是根据每个人长相上的差异（不同特征）进行辨认的。这个人的眼睛大一些，那个人的鼻梁高一些，不同的五官组成了不同的脸，如图1-11所示。

图1-11　不同的人有着不同的五官

人工智能没法像人一样凭直觉判断两张脸像还是不像。对它来说，要分辨人脸，必须对人脸照片数据加以精确分析。

进行人脸识别的第一步就是找到人脸的位置，这就是前文提到的定位和检测。现在最常用的定位人脸的方法就是方向梯度直方图（Histogram of Oriented Gradient，HOG）。

这又是什么？虽然名字拗口，但实际上它就是一种能够检测物体轮廓的算法。首先我们把彩色图像变成黑白图像，虽然有无颜色并不影响我们辨认人脸，但是去掉颜色可以减少识别的干扰。

然后我们把图像分成一个个小格子，用箭头表示小格子中图像明暗是如何变化的，最终就可以得到HOG图，如图1-12所示。虽然对于人类来说，HOG图不怎么好辨认，但是对于计算机来说，在HOG图中，人脸的五官等关键信息就变得更加明显啦！这样计算机就可以很快找到人脸。

图1-12 "人工智能之父"明斯基的图像和对应的HOG图

为了在HOG图中找到人脸，我们需要利用数学算法找到图中和已知的人脸HOG图最像的部分。这些HOG图需要从其他已知的面部数据中训练提取。

找到人脸之后，人工智能又会面临一个新的问题。在采集人脸信息时，一般只有正面的图像。不过，你可以用支持人脸解锁功能的手机试一试，即使解锁时侧着头，也同样可以解锁成功。但是，正所谓"横看成岭侧成峰，远近高低各不同"，即使是同一张脸，从不同的角度看起来也不一样。除了方向角度，表情、光线等都会让人脸图像发生变化。那么，如何鉴别变形前后是同一张人脸呢？

通常情况下，两个人肯定长得不一样，但都长着一个鼻子、一张嘴、两只眼睛和两只耳朵。也就是说，人脸有很多相同点。科学家们由此想到，可以用人脸上一些普遍存在的特征点作为人脸的基准，适当调整扭曲图像中的人脸，让被识别的人脸"正"起来。

经过反复研究，科学家们找到了下巴、眉毛、鼻子等特征点，其中最常用的有68个，如图1-13所示，图上的数字就是这些特征点的编号（注意：编号是从0开始的）。

有了这些特征点，我们就可以知道眼睛和嘴巴在哪儿了。然后我们按照一定规律把图像进行旋转、缩放等调整，使得眼睛和嘴巴尽可能地靠近中心，让各个特征点尽可能和正面的情况对齐，这样就可以把脸变得"正"起来。当然，我们也可以给人脸标注更多的特征点，让人工智能的定位更加精确——有些公司的人脸识别系统有上百个特征点。

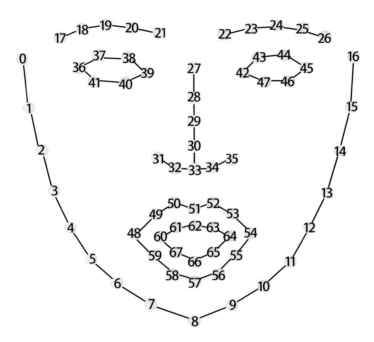

图1-13　人脸识别中最常用的68个特征点

　　把人脸对齐之后，我们就要做最关键的一步了——判断这到底是谁的脸。这就要对我们刚得到的人脸数据和之前采集的人脸库中的数据加以比较，找到最像的那个。如何判断像不像呢？我们可以比较两张图像中耳朵的大小、鼻子的长度、眼睛之间的距离等。

　　如果要精确地进行数值化比较，人工智能也许比我们更"懂"人脸。利用我们前面提到的卷积神经网络，人工智能可以自动测量人脸上的大量数据。常见的做法是测量128个数据，对于计算机来说也就是128个数字。鉴于神经网络的特点，我们无法理解这128个特征数字到底是什么意思，但这并不重要，人工智能可以理解。只要利用一定的数学方法找到和这128个数字最接近的另一组数字，计算机就可以迅速成功地找到这张人脸的主人。

人工智能如何分辨真人和照片

人脸识别非常方便，但是你也许会忍不住嘀咕："如果有人拿照片来假冒我，该怎么办？人脸识别能分辨照片和真人吗？"

这个担心非常有道理。实际上，最简单的人脸识别系统确实存在你担心的这个问题，只要拿一张照片就很容易骗过它。尤其是在社交平台非常发达的今天，想要获取某个人的照片通常也不是特别困难。所以，我们还需要用活体检测技术来区分真人和照片。

最常用的活体检测技术可以检测人的面部动作。这个很容易理解，真实的人脸是不会绝对静止的。人的眼睛、嘴巴还有脸颊免不了会有一些小动作（又称为微表情），但照片显然不会动，所以这些微表情就可以作为算法辨认人脸真伪的根据。

不过，攻击者也可以升级他们的手段，那就是把照片换成视频。针对这个办法，我们可以进行动作检测，即随机地要求人来做出特定的动作，比如这次让你眨眨眼，下次让你晃晃头，再下次说某个特定的词来检测嘴型，还可以配合声音，如图1-14所示。不过，如果攻击者的技术进一步升级，提前准备好所有的动作视频来应对活体检测系统，那还是很危险的。此外，让用户做动作，毕竟还是让使用过程变得更烦琐了。

另一种思路的原理是利用照片和视频很难完全还原真实的人脸图像。设备显示的、打印出的图像一般是由三原色或者更多颜色的像素点组成的，相比真实人脸，其精度有限，呈现图像的原理也不同。因此，照片和视频通常会有一些瑕疵，例如分辨率不高，缺少细节纹理，颜色有偏差，图像有点变形，在摄像头下还可能会产生像水波一样的摩尔纹等。真正的人脸自然不会有这些瑕疵。这些微小的差异，是人眼很难注意到的，却逃不过人工智能算法的"火眼金睛"。不过，攻击者也可以通过精心制作高分辨率的照片和视频来欺骗活体检测系统，随着打印和显示技术的进步，这样的欺骗会变得越来越容易实现。

图1-14　动作检测是人脸识别活体检测的一种方法

还有一种思路是利用真正的人脸所独有的一些性质。比如，人脸是立体的，但是照片和视频都是平面的，如图1-15所示，只要能检测立体结构，就可以有效地分辨真假。另外，人脸有温度，因此我们可以用检测红外线的方法来判断是不是真正的人脸。

图1-15　立体结构检测是人脸识别活体检测的另一种方法

保障人脸识别安全性的活体检测和针对活体检测的攻击破解攻击总是一种对抗关系。防守方不断研究出更坚固的"盾"，攻击者也在不断制造更锋利的"矛"。人脸识别的安全性总体来说还是不如传统的密码，在使用人脸识别作为安全认证的地方，必须结合其他手段使用。

计算机视觉都能做什么

对于人类来说，视觉是感知世界最重要的途径之一；对于人工智能来说，同样如此。那么，从"黑暗"走向"光明"的人工智能，都能做到哪些事呢？

把图像中的文字快速输入计算机

利用计算机技术识别图像中的文字已经是很常见的应用了。遇到不会的单词，我们可以用手机拍照，然后用具有识别功能的App识别文字并进行翻译；遇到不会做的题，也可以通过拍照来搜索解题方法（借助一些App）；看到优美的文章，也可以拍照并将其直接转换成电子文档，分享给更多的人。人们可以通过类似方法来识别同事的名片，进而快捷地将其加入通讯录。

从图像中识别文字，又被称为OCR技术，已经在人们的生活中得到了广泛应用。

如何识别不认识的植物

外出游玩时，你看到一朵美丽的花，想找一些种子，自己也种上一盆，但却因为不知道它的名字而未能如愿，真是可惜！不过，现在人们开发了很多可以识别植物的App。只要拿起手机，简单地拍一张照片，马上就能知道这是什么，如图1-16所示。

图1-16　人工智能可以通过拍照识别植物

运用人脸识别技术抓捕逃犯

如果你喜欢听华语老歌，也许听说过"歌神"张学友。不过这位歌手还有一项特殊的成就，那就是公安干警通过他的演唱会抓捕了很多逃犯，他因此被戏称为"逃犯克星"。据统计，在张学友2018年世界巡回演唱会上，先后有80余名犯罪分子落网。

之所以能抓到这么多逃犯，无疑离不开广大公安干警的努力和付出。不过值得一提的是，这其中用到了人脸识别系统。一场演唱会经常会有几万人参加，如果只靠人来一一识别谁是逃犯，那实在是太难了。但是，有了人脸识别系统，就像有了一双火眼金睛，可以轻松地从人群中找出犯罪分子。

类似的系统不仅可以安装在演唱会现场，还可以安装在火车站、广场等公共场所。综合利用大数据、人工智能等技术和大量的监控摄像头，我国已经建成了天网系统，能够让犯罪分子无处可逃、难以遁形，让我们的生活变得更加安全。

不过，人脸识别系统也并非万无一失，遇到长得像的人偶尔也会犯错误。2019年，美国一名男子就因为人脸识别系统认错了人而被当成小偷关了10天。这样的错误也不是个例，所以人脸识别系统在抓犯人方面只能起辅助作用，最终还是要靠公安干警的辛勤工作来取得充足的证据。

美颜相机是怎么美颜的

"爱美之心，人皆有之。"不过有的时候，我们的长相距离自己心目中的完美形象总是差那么一点点。这个时候，美颜相机就可以帮我们在拍照的时候"实现"变美的愿望。

不管是想让眼睛大一点，还是想让鼻梁挺一点，人工智能都可以做到，甚至可以在视频直播的时候实时进行修容。这就用到了人脸识别技术，而其中有一个重要操作就是根据人脸上的特征点进行校准和调整。美颜相机也是根据人脸上的特征点进行实时跟踪，进而实现合理的调整。

除了直接提升颜值，类似的软件还可以给你"戴"上喜欢的装饰。

美颜相机还有更高级的玩法，那就是直接"换脸"！通过计算机视觉技术，换上的脸可以和你一样做出各种表情，甚至可以换成老虎、狮子的脸，如图1-17所示。

图1-17　人工智能可以在视频聊天时"换脸"

从相册中快速找到自己的照片

现在的智能手机都有照片自动分类的功能，其中一些可以根据照片中的人脸来分类。经过这样的处理，我们再想找到某个人的照片可就方便多了。

能听会说的人工智能

 禾木： 桃子，你怎么愁眉苦脸的？

 桃子： 唉，我需要把这几个视频的配音从英语转换成汉语，作为兴趣小组活动的材料。可是，我的英语听力水平一般，做起来好麻烦，而且我的声音也不适合给这个视频里的角色配音。

 小核桃： 那为什么不试试人工智能技术呢？

 禾木： 小核桃，你说的是人工智能的语音识别和语音合成技术吗？

 小核桃： 是的。利用这两种技术，人工智能在为人类服务时就有了与人沟通交流的能力。

下面我们就一起来看看这两种技术都是怎么实现的，又在哪些地方发挥了作用。

语音识别——人工智能是怎样识别说话内容的

我们在科学课上学过，<u>声音是由物体振动产生的</u>。声音在空气中能以声波的形式传播。<u>声波</u>通常指能引起听觉的机械波。我们可以把声波记录下来，用图形表示，这就是声音的波形，如图2-1所示。要让计算机识别人说话的声音，实际上就是让计算机把波形和说话的内容对应起来。

图2-1　声音的波形

可是，这些波形看起来乱七八糟的，似乎毫无规律可循。到底怎么才能把它们识别出来，转化成相应的文字呢？这就要靠人工智能了。虽然人类很难看出波形的规律，但是人工智能程序可以利用计算机，通过数学运算提取出有代表性的特征，比如频率成分、能量等。

不过，我们很难去直接提取一整句话的特征，毕竟一句话里的声音可不是一成不变的，而声音的特征同样会发生改变。

为了解决这个问题，在提取特征之前，我们要把一句话的语音切成很多小份，这个过程称为<u>分帧</u>。如果你对动画有所了解，那么应该知道连续动画其实是由很多静止的画面连续播放形成的，如图2-2所示。其中，每一幅静止的画面就是动画的一帧。

图2-2　动画由很多静止的帧组成

语音的一帧也是类似的，它的时间很短，一般只有20～50ms。在这么短的时间里，声音变化不大，可以说是足够平稳。这就好像从"好（hǎo）"这个声音中只截取了一个"h"的一小部分。为了防止遗漏边界上的声音，分帧一般会有一定的重叠，如图2-3所示。

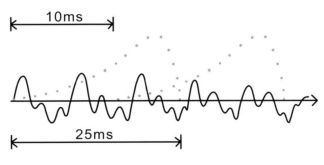

图2-3　语音的分帧

分帧之后，我们就可以提取声音的特征，并将其存储成一组数字。

有了表示成数字的特征，计算机就可以根据声学模型把这些声音的帧拼接、还原成音素。音素是语言中最基本的发音单位，类似于普通话中的声母和韵母。也就是说，现在计算机知道这句话的拼音了。在传统的方法中，这个判断的过程主要靠的是模板匹配，比较生硬，正确率也不高。但是，随着深度神经网络应用到语音识别中，语音识别的质量也有了巨大的提升。

不过，有了拼音，就一定能得到正确的句子吗？不一定！让我们讲一个笑话，你就明白了。

有一天上体育课，老师让同学们排好队，想统计一下到底有多少人来上课了，于是对站在队列第一位的禾木说："报数！"禾木满脸疑惑，没有动。老师有点生气，又喊了一声："报数！"禾木只好一脸不情愿地走到操场旁边，抱住了大树。原来，禾木以为自己听到的是"抱树"，如图2-4所示。

之所以会闹出这样的笑话，是因为有很多字词的发音是一样的。不仅汉语有这种现象，其他语言也是如此，例如，英语中的eye（眼睛）和I（我）、meet（遇到）和meat（肉），它们的发音都是一样的。人有时都会听错，计算机又是怎么知道到底是哪个词的呢？其实，计算机或者说人工智能处理这个问题的方式和人类也有点像。

人之所以能分辨同音字，其实靠的是联系上下文或者语境来理解。比如，在体育课上，听到"bao shu"，内容一般是"报数"，不太可能是"抱树"。听到"ju ge li zi"，一般来说是"举个例子"，而不是"举个栗子"，如图2-5所示；听到"ming qiang yi duo，an jian nan fang"，应该是"明枪易躲，暗箭难防"，而不是"名枪一朵，按键难防"。在错误的情况下，句子很明显是不通顺的嘛！

图2-4　是"报数"，还是"抱树"

jǔ gè lì zi

图2-5　举个"栗"子

20

那么，人工智能是怎么处理的呢？它其实也是依靠上下文。我们首先需要用大量的文字资料库——最好是日常口语的资料库——来训练人工智能，让它知道什么样的词一般会在什么情况下出现，得到语言模型。训练好的语言模型就会帮助人工智能听"声"辨"意"了。

语言模型同样用到了深度神经网络。

语音识别用在什么地方

倾听是人与人沟通中的重要技巧，而语音识别技术让人工智能学会了倾听。那么，学会倾听的人工智能可以发挥什么作用呢？

和机器交互

语音识别最直接的用途就是提供了一个人和机器互动的途径。我们和手机、智能手表、智能音箱中的智能助理交流的过程，就是人机交互。

自从有了机器，人和机器如何互动一直是个问题。从早期使用机器上的零件和线路，到使用安装在机器上的开关和按钮，再到使用键盘、鼠标和触摸屏，人和机器交互的方式越来越方便。不过，通过语音识别技术，人和机器的互动又前进了一大步。

利用这项技术，我们可以轻松地通过语音来控制家里的电灯、电视和空调，再也不用摸黑找开关或者找遥控器了，如图2-6所示。

出门在外，我们同样可以用到语音识别。你喜

图2-6　在漆黑的屋里找开关

欢锻炼吗？喜欢边听音乐边锻炼吗？有时遇到一首不太喜欢的歌，只好停下来手动切歌，运动的节奏都被打乱了。有了语音控制，这个问题就迎刃而解了。在开车的时候，我们可能需要设置导航，这时千万不能一边开车一边去操作导航设备，实在太危险了；万一刚好在立交桥之类的地方，也没有办法停车，这时通过语音来设置导航，真是安全又方便。除了设置导航，开关车窗等操作也可以利用语音识别功能实现。

这些操作也可以与智能助理进行整合，让人和各种设备的交互更加灵活。

用声音识别身份

除了用于和机器交流，语音识别还有其他作用。想一想，你打电话的时候要如何辨别接电话的是不是自己的朋友本人呢？靠的就是声音。每个人的声音有其各自的特征，独一无二，就像指纹一样。我们把这个特征称为声纹。通过识别声纹，再与预先存储好的资料进行比较，人工智能就可以判断出到底是不是正确的用户。

声纹识别的应用也非常广泛。现在智能手机、智能音箱之类的设备大多可以支持声纹识别。有人曾经设想一个恶作剧，如果手机支持语音控制，那么在自习室大喊一声"播放《数鸭子》！"，是不是所有手机都会开始播放这首儿歌？那可真是太尴尬了。别担心，只要开启声纹识别，并录制好自己的声纹，手机就只"听从"主人的控制了，如图2-7所示。

在银行这种对安全性要求很高的场合，声纹识别也会用来作为一个辅助的安全手段来识别取钱的人是不是客户本人。你可能会担心用声纹识别是否安全。我们见过有些口技演员或者配音演员，他们模仿别人的声音几乎可以以假乱真！这能不能骗过声纹识别呢？放心，即使模仿得再像，在人工智能看来，声纹也是不一样的。每个人在说话时用到的器官，比如舌头、牙齿、口腔、声带、肺、鼻腔等在尺寸和形态方面均有所差异，如图2-8所示，年龄、性格、语言习惯等也不一样，所以在发音时千变万化，每个人发出的声音必然有着各自的特点。特别是每个人在说话过程中所蕴含的个性特征（如发音习惯等）是独一无二的。因此，配音演员模仿其他人的声音，虽然听上去相似，但也无法模仿说话者最本质的特性，在声纹特征分析上还是会有差异，是可以区别开的。现在，声纹识别的准确率已经超过了99%。当然，只要不是100%，就总会有错误的可能。一些犯罪分子也开始利用人工智能技术来合成人声，模拟声纹特征，蓄意突破声纹识别的保护。所以，在银行这种格外注重安全性的地方，声纹只是一种辅助手段，通常会结合其他方法使用，才能更好地保障客户的财产安全。

图2-7　声纹识别让手机只"听从"主人的命令

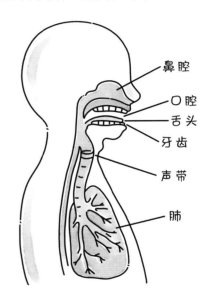

图2-8　人发出声音与很多器官有关

用声音输入文字

如果想表达自己的想法，说话是我们平时最常用、最方便的办法之一；但是，对于听的人来说，有时却不那么方便。你可能遇到过类似的情况：朋友发来一条语音消息，可是因为环境不合适，不方便收听，很是困窘。另外，相对于文字来说，语音资料难以整理存档，很难从一大段信息中找到自己需要的内容。对于文字内容，只要扫一眼，就能知道大概内容，但是语音只能一秒一秒地听，一旦听漏了，就还要退回去再听一遍。如果要整理成文字，必须要找人一边听一边记录，非常麻烦。不过，好在有语音识别技术，我们可以把语音转化成文字，这样就可以知道内容，也方便搜索。

语音转文字的另一个用途是，快速为视频生成字幕。传统的制作字幕方式非常麻烦，需要人工一句一句输入相应的台词，然后一点一点调整文字出现的时间，来和声音对齐。为一个小时的电影配字幕，可能需要好几个小时才能完成。有了语音识别技术，这一切都可以自动化地进行，方便极了。现在，有些视频网站和视频编辑软件已经具备了这个功能。

残疾人的好助手

我们的生活和工作离不开健康的身体，可是也有一些非常不幸的人，他们看不见、听不见、走不了，这样的人在生活中会遇到多少困难啊！一直以来，我们都在想办法帮助他们，减少他们生活的障碍，其中一个重要的手段就是开发无障碍设施。比如，在户外少用台阶，多设置缓坡，以方便腿脚不方便的人；你可能听到路口的红绿灯总是"哔……哔……哔……"响个不停，说不定还觉得它有点吵，但这是为了用不同节奏的声音来让盲人能听懂红绿灯信号，防止发生危险，如图2-9所示；还有盲道、扶手、自动门、无障碍电梯等，也都是无障碍设施。

语音识别也可以用在无障碍设施上。那些听力有障碍的残疾人，他们想和别人交流，以前只能借助唇语或者手语；但是，有了语音识别技术，完全可以利用智能手机之类的设备，通过我们前面说过的语音转文字功能，把他们听不见的语音变成能看到的文字。这样就大大方便了他们和他人交流。我们也可以将语音识别技术用到视频内容中，自动生成字幕，让听不见的人也能顺利地看视频。

图2-9　盲人通过红绿灯发出的声音来判断能否通行

盲人也能用到语音识别。你可能会奇怪，盲人能听到啊，为什么还要用语音识别呢？我们平时用计算机、手机都离不开屏幕，但是盲人是看不到屏幕的，这就造成了很大的麻烦，想发条信息，都没有办法打字。但是，运用语音识别技术开发的语音输入法，他们动动嘴就能输入文字，如图2-10所示。

图2-10　运用语音输入法，盲人通过说话来输入文字

让机器人客服接电话

你有没有遇到过客服机器人接听电话的情况？很久以前，这种电话除了播放一句提前录制好的录音，什么都做不了。但是，有了语音识别技术，它们已经可以和你互动，回答简单的问题了。

很多手机还有智能电话助理功能，可以在你不方便的时候自动接起电话，并和对方进行简单的沟通，然后记录下内容。

人工智能可以识别其他声音吗

人工智能可以识别其他声音吗？当然可以，我们在《写给青少年的人工智能 发展》一书中讲过，人工智能是可以学习的。只要我们把人工智能学习的"教材"从人声替换成别的声音，就可以识别出其他声音了。

现在已经有人工智能可以识别婴儿的声音，并能判断婴儿是不是哭了，进而及时提醒父母。此外，人工智能可以识别门铃声——即便你戴着耳机听音乐，也不会错过来访的小伙伴；还可以识别猫叫声、狗叫声、报警器声、家用电器的声音等。

有的人工智能可以识别音乐，只要你哼唱几句歌词，人工智能就能迅速帮你找到那些萦绕在耳边却说不上歌名的曲子。

语音合成——让计算机"开口说话"

在日常生活中，说话是最方便的交流方式。机器到底能不能"开口说话"？这个问题人们已经研究了很长时间。我们在《写给青少年的人工智能 起源》一书中介绍过，早在1778年，一位名叫米凯尔的法国人制作出了一对会说话的人头木偶。据说这对人头木偶的声门是用绷紧的薄膜制成的，就像人的声带一样。不过，用这种方式，木偶只能反复地说相同的话，如图2-11所示。

现在，我们有了更多的办法来合成声音，效果也好得多。

语音合成一般分为两个部分，第一个部分是分析语言，第二个部分是生成声音。

想一想，下面这句话你会怎么读？"禾木了解了语音合成技术。"这句话里有两个"了"字，但它们的读音是不同的，第一个应该读"liǎo"，第二个应该读"le"。这就是分析语言需要做的内容之一。除了判断多音字，这个句子是汉语还是英语，句子该如何停顿，句子的语调是上升还是下降，应该重读句子中的哪个词，词与词之间的边界在哪儿，这些都要进行分析。你也许听过一些老旧的合成语音，它们非常生硬，完全没有语调，字也是一个个蹦出来的，如图2-12所示，这就是因为当时的语言分析技术还不够成熟。现在，运用了语音合成技术的人工智能，在和你互动的时候已经可以带上感情色彩了。

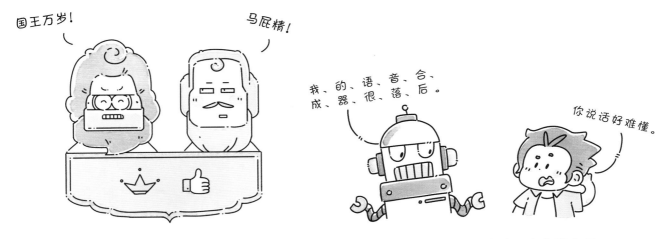

图2-11 这种人头木偶只能反复说相同的话　　图2-12 早期的合成语音非常生硬

对语言进行分析后，我们就可以利用分析结果生成声音了。想要合成声音，现在最主要的有三种方式。

最简单的办法是拼接合成。这种方式很容易理解，其实就是先把真人的声音录好，然后把它们分解成一个个语音单元存储在系统里，这就像计算机学会了拼音怎么读，或者学会了英语音标怎么读。比如录下一个"好"字的声音，然后将分解成的"h"和"ǎo"（声调）存储在系统里，如图2-13所示。这个过程和语音识别中的分帧很相似。有了这些语音单元，计算机在想要"说话"的时候，只要把它们重新拼接起来就可以了。

图2-13 存入系统的"h"和"ǎo"

拼接合成的办法直接利用了真人的录音片段，所以音质比较好。但是，这种方式需要非常多的录音，才能覆盖到各种各样的说话内容，而且对录音的质量要求也比较高。一旦遇到了没有提前准备好的部分，语音合成的效果就会差很多。

苹果公司的第一代Siri就是利用了拼接合成的方法。为了得到足够多的录音，苹果公司聘请专业的配音人员，录制了120多个小时的素材。这些语音的内容堪称包罗万象，从天气预报到历史问题，再到娱乐新闻，应有尽有，如图2-14所示，所以Siri的效果也比较好。

还有其他的合成语音方式吗？我们知道，声音是振动产生的，说话也不例外，肺部发出的气流冲击绷紧的声带，导致声带持续振动，从而发出声音，如图2-15所示。那么，如果能直接产生语音的振动，是不是就可以生成语音了呢？科学家们同样想到了这个办法，并把它称为参数合成方法或者分析合成方法。

图2-14　配音人员为Siri录制了大量用于合成声音的素材

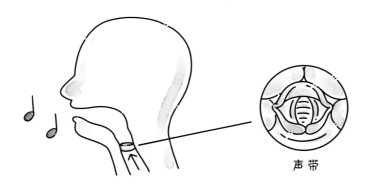

声带

图2-15　人通过气流冲击声带发声

　　把声波——也就是空气振动的情况——记录成随时间变化的图形，就是波形。科学家们分析了不同语音的具体波形，合成语音时再利用计算机重新生成这些波形。参数合成方法也需要先准备一定的音频进行分析，不过这个音频的数量比拼接合成少多了。一般来说，拼接合成至少需要50小时的音频素材，但参数合成只需要10小时的音频素材。但是，用这种方法得到的声音音质差一些，听起来比较沉闷，而且有机械感。一些钟表的实时报时，或者地铁、公交车的报站，其中的语音播报可能就是用参数合成方法制作出来的。

最新的语音合成方法就是利用神经网络了。截至目前，用这种方法得到的声音效果最好，在评测中已经可以达到真人语音90%以上相似度的水平。现在，智能手机的语音助手大部分是利用神经网络来合成语音的。

不过，神经网络对计算机的性能要求比较高，所以一般用在计算机、智能手机之类的设备上。此外，神经网络的"黑箱"特点也为后期调整添了很多麻烦。

语音合成有什么好玩的应用

你是不是好奇人工智能都会说什么，声音是什么样的？其实，人工智能完全可以像口技演员一样，发出千变万化的声音。

明星语音真的是自己配音的吗

常用导航App的同学也许已经听腻了系统默认的声音。为什么不下载一个明星语音包试试呢？

当然，明星们不可能真的录制所有的导航声音，其中的奥妙还是语音合成技术的运用。明星只需要录制一些常见的导航提示语句和一些覆盖到常见中文发音的句子，工程师就可以分析得到明星语音素材库，并利用神经网络生成各种各样的导航语音。

除了导航语音包，这种模仿一个人声音的技术还可以用到其他地方。比如，在中央电视台2018年推出的纪录片《创新中国》中，制作团队就是利用这种技术"复活"了已故著名配音艺术家李易老师的声音。

虚拟歌手是什么

"小笼包，叉烧包，奶黄芝麻豆沙包……"如果你知道这句歌词，那么也应该知道这首歌的演唱者"洛天依"。洛天依是一位歌手，她甚至"登上"了2021年的春节联欢晚会，和月亮姐姐、王源一起合唱了《听我说》。

不过，这位歌手却并非真人，而是一位虚拟歌手。洛天依被设定成一位15岁的少女，于2012年7月正式"出道"。洛天依的声音就是在中国配音演员山新和日本歌手鹿乃的声音的基础上，利用语音合成技术实现的。

有了虚拟歌手，更多的人可以更方便地参与音乐创作。另外，虚拟歌手可以突破人类的生理限制，实现人类无法达到的一些高音、低音或者极快的语速，这也方便了艺术家对歌曲创作的探索。

霍金是怎么说话的

对于那些有语言障碍的残疾人来说，语音合成技术同样是一个巨大的帮助。他们可以利用打字的方式，把自己想说的内容变成声音。最著名的一位就是已故著名物理学家霍金。霍金饱受"渐冻症"（肌萎缩脊髓侧索硬化症）的困扰，全身瘫痪，43岁时，甚至因患肺炎而被切开气管，失去了说话的能力。

不能和人交流是一件多么痛苦的事情啊！还好，包括语音合成在内的人工智能技术让霍金可以重新"开口"说话。他通过键盘以每分钟15个单词的速度说话，但在2008年，病情的恶化让他连键盘都用不了了。科学家又为他开发了一套名叫"脸颊开关"的装置，利用检测面部的一块肌肉是否收紧进行输入，如图2-16所示。即便在这样困难的情况下，霍金在物理学领域仍然做出了巨大的贡献。

图2-16　霍金通过人工智能设备来说话

　　不过，你知道吗？霍金的合成声音其实并不是他自己的。在完全失去说话能力之前，霍金的声音已经变得非常含糊，无法满足语音合成语料的要求。他的声音实际上来自语音合成技术的先驱丹尼斯·克拉特。克拉特贡献了他的技术，也贡献了他的声音，最终合成了"霍金的声音"。

　　随着霍金的身体变化，他的专用人机交互系统也在不断调整，用到了不少新技术。在霍金生命的最后几年，身在轮椅上的他，被一堆人工智能设备环绕。"霍金的声音"是他和机器共同制造的完美之声。这也代表了语音合成技术发展的一段历史。

盲人能不能"看"手机

　　语音合成技术对盲人也有很大的帮助作用。你可能知道，盲人要阅读文字，只能用手指触摸盲文来进行，但是让智能手机这些设备显示盲文实在是太难了。盲人就无法使用手机了吗？实际上，得益于语音合成技术在手机上的应用，盲人也能"看"手机了——把屏幕上的内容读出来，如图2-17所示。

图2-17　盲人可以利用语音合成技术读出手机上的内容

现在智能手机上的无障碍功能已经非常成熟，只要经过一定的练习，盲人也可以自由使用手机。

善解人意的人工智能

 桃子： 禾木，不要难过了。来吃个苹果吧！

 禾木： 谢谢你，桃子，你果然是最了解我的！小核桃，人工智能也能像桃子这样善解人意吗？

 小核桃： 这确实是个难点，不过，在科学家的努力下，人工智能确实可以做到"善解人意"。一方面，人工智能可以通过自然语言处理技术来理解人类的语言，甚至揣测人类的情绪；另一方面，人工智能推荐系统可以根据一个人的行为来分析他的喜好。下面我们一起来看看人工智能到底是如何理解人类的吧！

自然语言处理——让人工智能懂人话

语言是人类交流、沟通的方式，计算机也有自己的语言——程序语言。在人工智能出现以前，人类想要和计算机进行交流，就必须使用计算机的语言，把各种数据转换成可以被计算机理解的方式。

程序语言必须经过学习。提到学习一门新语言，你是不是有点发愁？要是我们可以用汉语、英语等语言和计算机交流就好了。有没有办法能让人工智能理解我们说的话呢？

也许可以用语音识别技术？语音识别可以把我们说的话转成文字，但是这并不意味着计算机就能理解我们的要求。这只是听，但不懂。要想让人工智能理解我们说的话，还需要用到自然语言处理技术。自然语言就是我们人类说的语言，和编程语言中的程序语言相对。微软公司的创始人比尔·盖茨曾说，自然语言处理是"人工智能领域皇冠上的明珠"；"计算机科学之父""人工智能之父"图灵最早提出的图灵测试，也就是通过聊天来区分人类和人工智能，也是从语言的角度出发的。

自然语言处理是如何工作的

处理语言最简单的方式就是，直接一个字一个字地匹配。比如，听到"开灯"两个字，就打开灯。不过，这样的方法还是太生硬了，甚至都算不上自然语言处理，一点都不智能。如果我们稍微换一下字，比如"打开卧室灯""把灯打开"，计算机就不知道该怎么反应了。此外，像"别开灯"这样的话，也会因为匹配到了关键字"开灯"而导致打开灯，如图3-1所示。这样真的能算理解语言吗？

更高级一点的，可以通过一定的规则进行匹配。我们曾在《写给青少年的人工智

能 发展》一书中讲过的人工智能"医生"ELIZA和"病人"PARRY，它们就是利用规则进行匹配，然后用替换关键词的方式和人聊天。这种方式看起来好像有一些道理，毕竟人类学习语言的时候，也要学习语法（在语言学和自然语言处理领域，我们一般将其称为文法），也就是语言的规则。但是，自然语言复杂多变，很难找到全部的规律，而且经常会出现新的用法；要让计算机去理解自然语言，我们又必须让编写的规则包含句子中所有的细节。要为这样的研究对象手动编写规则，实在是太难了。有科学家估计，即使只为20%的真实句子编写相匹配的规则，也至少有几万条。

还有一个重要问题，规则并不是语言的唯一要素。很多内容，比如一些多义词，要依靠上下文甚至其他方面的知识来理解。

在规则这种方法陷入困境时，一些科学家开始借助数学知识，借助统计方法来处理自然语言。他们不再纠结于文法规则，而是直接计算词语出现的可能性，看看哪些词可能一起出现，这个词的后面更有可能跟着什么词，如图3-2所示。这种方法看起来非常简单直接，虽然看似无规律可循，但是很快取得了突破，超过了使用规则的方法。

图3-1　简单的关键词匹配很容易出错　　图3-2　通过计算单词搭配的概率来生成句子

随着语言处理机器学习算法的发展，自然语言处理逐渐有了新的"武器"。尤其是神经网络深度学习的广泛应用，让自然语言处理有了一定的效果。

依赖统计原理和机器学习技术的自然语言处理需要用到大量的语言材料——我们称为语料。这些就像人工智能的"教材"，它们会从庞大的语料库中进行学习，最终得到合适的语言模型。得益于互联网的发展，获取这么多的语料才成为可能。这也是科学家们一开始没有选择统计，而是想通过规则来解决的一个原因。

不过，有了语料也不能直接"喂"给人工智能，而是要先进行预处理。就中文来说，预处理很重要的一项内容是分词。分词就是把句子分成一个个的词语，因为词语才是语言中表达含义的基本单元。比如，对"我非常喜欢人工智能"这句话进行分词处理，可以得到这样的结果："我/非常/喜欢/人工智能。"除了分词，预处理时还要标注词性，就是这个词是动词、名词还是形容词，如图3-3所示；还要去除一些经常出现，但是不影响理解句子的词。

图3-3　语料在使用前要先进行预处理

除了理解语言，自然语言处理也关注生成语言的问题，也就是如何让人工智能说"人话"。自然语言生成可以看作自然语言理解的逆过程，一般包括6个步骤：第一，先要确定说的这段话里到底要包含什么信息；第二，确定用什么样的顺序来说；第三，确定每句话要说什么；第四，找到合适的单词和短语；第五，如果属于专业领域范畴，还要选用合适的专业术语；第六，把单词和短语组成句子。其实，这个过程和人类写文章也是差不多的。

为什么让人工智能理解语言这么难

自然语言处理被誉为"人工智能领域皇冠上的明珠"，这既说明了它的重要性，也彰显了它的难度。其实，时至今日，自然语言处理技术的发展仍然处在比较初级的阶段。

那么，让人工智能理解语言——特别是汉语——为什么这么难呢？这其实还是因为汉语非常多样，充满变化。

有时我们可能会用不同的语句表达同一个意思，比如我们想听《两只老虎》这首歌，可能会说："播放两只老虎""放音乐两只老虎""我要听两只老虎"。但有的时候，看似一样的句子却表达了不一样的意思。比如，"今天中午吃馒头"和"今天中午吃食堂"，明明结构完全一样，只换了一个词，但后面这一句可不是"把食堂吃掉"的意思，如图3-4所示。

图3-4　句子结构相同，但表达的含义可能不同

如何分词也是一个很大的问题。如果分词错误，语言的理解就有可能出现错误。比如，把"研究生命的起源"分成了"研究生/命/的/起源"，这肯定是有问题的。不过，就这句话来说，正确的分词方式只有一种。但是，对于有些内容来说，我们或许可以采用不同的分词方式。比如，我们知道长江流经南京市，南京有一座跨越长江的大桥，可以采用"南京市/长江/大桥"这样的分词方式。不过，对于不知道这个知识的人工智能来说，另一种分词方式"南京/市长/江大桥"好像也没什么不对的。对于这样的句子，要实现正确分词，就必须让计算机掌握额外的知识，或者具备联系语境的能力。

除了语言本身造成的困难，在实际应用中，自然语言处理还会遇到一些难题，比如错别字、病句。

自然语言处理技术用在什么地方

自然语言处理技术赋予人工智能理解人类的能力，其用途颇为广泛。很多通过语言和人类交流的场合会用到自然语言处理技术，比如，我们前面提到的人工智能客服、控制家用电器等。除此之外，还有很多场合需要处理人类的语言。自然语言处理技术与语音识别技术是一对好搭档。

机器翻译

你喜欢学外语吗？恐怕有些同学看到这个问题就会皱眉头。不可否认的是，外语对于我们认识世界是非常重要的。多掌握一门语言，我们就能看到更广阔的世界，认识更多的朋友，欣赏到更多的动画片、电影、文章……

不过，学习一门新语言的确很难。世界上有几千种语言，而人的精力终归有限，根本无法掌握所有语言。但是，机器翻译可以解决这个问题。科学家们从很久之前就开始研究机器翻译了，可以说，这是人工智能最早想要解决的问题之一。

如果只是针对某个词的翻译，一本词典就够了。但是，对文章、句子的翻译，往往还需要调整各个词语的顺序。比如"I study artificial intelligence in Walnut Education"，如果直接翻译成汉语就是"我学习人工智能在核桃编程"。但是很明显，我们平时不这么说话，直接把英语单词翻译成相应的汉语词语是不行的。这就需要用到自然语言处理技术了。

机器翻译还可以和很多其他人工智能技术结合。比如，和语音识别技术结合，就可以帮助我们听懂外语。又如，如果和图像识别技术结合，就可以用拍照的方式快速翻译书面信息。这样的话，在国外即使不认识菜单上的文字，也不用和服务员一点点比划，只要拿出手机拍个照，就可以很快知道菜单上写的是什么，如图3-5所示。

图3-5　通过拍照翻译泰语菜单

信息检索

互联网上的信息太多了，即使一个人不停看上几百年也看不完，所以，我们在互联网上查找资料时会用到搜索引擎。搜索引擎同样离不开自然语言处理。

搜索引擎之所以能找到各种各样的信息，其实是因为它早就"看"过这些信息了。搜索引擎会利用爬虫程序来不停地访问互联网上的各种内容。爬虫就像蜘蛛一样，一点点巡视互联网这张大网的每一个角落，如图3-6所示。

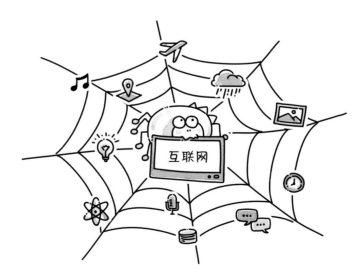

图3-6　爬虫程序不停地在互联网上"巡视"

文本分类和自动文摘

如果你有阅读电子书的习惯，时间长了会遇到一个头疼的问题。电子书越来越多，找起来太麻烦了。如果从开始没有做好分类，课本、漫画、小说、杂志都混杂在一起，就会让人眼花缭乱。

要是有什么办法能自动把它们分类就好了。这一点利用自然语言处理技术就可以做到。人工智能会扫描所有文本内容，把它们进行分类。有的人工智能系统甚至可以自动帮你总结书的大意，让你快速对书的内容了然于胸。

情感分析

语言是人类表达情感和观点最直接、最常用的方式，因此通过语言来分析说话人的情感和观点是自然语言处理领域饱受关注的一项应用，也就是所谓的情感分析。

情感分析也称为观点挖掘、倾向性分析、意见抽取，是根据人们对特定内容的评论，挖掘人们的观点、倾向、情绪、态度和评价的一种分析方法。例如，商业公司有时需要调查大众对某个产品的意见，这就可以利用情感分析。如果使用传统方法，就要专门设计调查问卷，再请用户填写，最后请专家进行分析；如果用户回答的内容不是选项而是评论，可能还要阅读每一份问卷，这无疑是非常费时费力的。但是，如果利用情感分析，可以直接从互联网上广泛搜集有关产品的公开评论，然后自动提取用户对产品各个方面的意见，速度就快多了。

对于聊天机器人这样的人工智能产品，情感分析可以让人工智能猜测用户的情绪变化，做出更合理、更贴切的回答。

除此之外，科学家们还在研究利用情感分析、观点挖掘技术来分析垃圾评论、虚假新闻，以更有效地打击谣言、造假等行为。

推荐系统——数据最懂你的心

平时浏览新闻、看短视频或者逛购物网站时，你可能会发现，随着浏览次数和时间的增加，平台给你推荐的信息也就会越来越符合你的喜好。如果你喜欢宠物，那么看到的内容大部分会是小猫、小狗；如果你喜欢编程，看到的可能就是 Python 语言、C 语言之类的内容。

这当然不可能是有人特意去了解你的爱好后为你挑选特定的信息，而是用到了人工智能——推荐系统。平台的人工智能算法根据你的浏览记录自动分析出了你的爱好，然后有针对性地向你推荐内容。

推荐系统为什么能了解你

最简单的推荐系统是基于内容进行推荐。

这种方法的思路很简单，即根据内容本身的特点来进行推荐。首先，需要给被推荐的东西（项目）进行"画像"，也就是提取出它的特征，比如电影的导演是谁，演员有哪些；面包是甜的还是咸的，是不是夹心的（见图 3-7）；图书是课本还是小说；等等。

对项目有了了解之后，推荐系统就能根据你在注册时填写的爱好或者之前喜欢的内容推荐相似的项目了。

图 3-7　基于内容推荐需要先对要推荐的东西进行"画像"

除了根据内容来推荐，还有一种很有意思的方式。这种方式不需要知道被推荐的内容，而是根据你之前的行为来找相似内容。这种方式称为基于协同过滤的推荐系统。

想象一下，如果你开了一家冰淇淋店，禾木经常来买香草口味的冰淇淋、原味冰淇淋和巧克力口味的冰淇淋，桃子经常买桃子口味的冰淇淋，如图3-8所示；某一天，新顾客小核桃来到店里，他吃过香草口味的冰淇淋和原味冰淇淋，现在想尝试一下新口味，你会为他推荐什么呢？

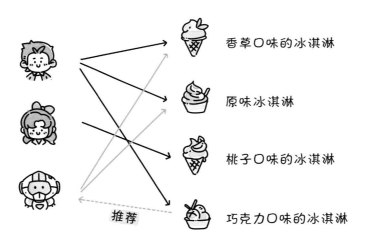

图3-8　通过协同过滤为小核桃推荐冰淇淋

很明显可以看出，小核桃和禾木的喜好很相似，所以他也很可能喜欢吃巧克力口味的冰淇淋。这就是一种协同过滤的方式，根据对内容的喜好找到相似的人。

除了找相似的人，我们也可以找相似的内容。假如我们开了一家面包店，禾木经常来买热狗面包、肉松面包和披萨面包，桃子经常买热狗面包和肉松面包，小核桃经常买热狗面包、肉松面包和全麦面包，如图3-9所示。某一天，一位新顾客来到店里，他不了解店里面包的品种，买了热狗面包，那么你还会为他推荐什么面包呢？

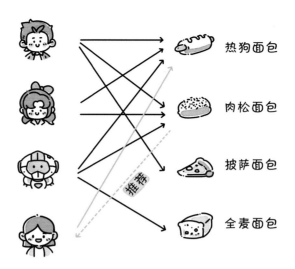

图3-9 通过基于物品的协同过滤为新顾客推荐面包

我们可以看到禾木、桃子和小核桃都喜欢热狗面包和肉松面包，这两种面包可以说是最佳组合，很有相似点，所以我们可以给新顾客推荐肉松面包。这就是基于物品的协同过滤。

温柔体贴的人工智能

 禾木： 都说人工智能可以感知、互动、理解和思考，可以为人类做很多事，那么，生活中到底哪里有人工智能呢？

 桃子： 我知道智能语音助手肯定算是人工智能，我经常和它聊天呢！

 小核桃： 人工智能其实已经应用到了各行各业。即使在我们的日常生活中，人工智能的身影也并不少见。那些带着"智能"两个字的新产品，很可能就使用了人工智能技术；很多没有明确提到智能的传统领域，可能也已经悄悄用上了人工智能。别急，我们这就来看看人工智能是如何让我们的生活变得更方便的！

智能语音助手为什么能回答我们的问题

"小爱同学！""天猫精灵！""小度小度！""Siri！"不管是在生活中、趣味视频里，还是在广告里，你可能或多或少听过这些话。这是人们在呼唤自己的手机或者音箱中的智能语音助手呢。

智能语音助手也称为智能助理，是我们现在最常见到的人工智能应用之一。有了它的帮助，我们的生活可以方便很多。只要跟它说句话，它就能帮我们定闹钟，设置日程表，帮我们找新闻、讲故事、放音乐，还可以回答简单的问题，甚至陪我们聊天，给我们提供建议，如图4-1所示。

图4-1　智能语音助手可以提供建议

智能语音助手用到了很多人工智能技术，例如语音识别、自然语言处理和语音合成。有了这些技术，智能语音助手才能和我们交流沟通。除此之外，它可以帮助我们规划路线，这就需要调用导航软件的导航算法人工智能；可以播放我们喜欢的歌曲，这就需要调用音乐软件中的人工智能推荐系统……智能助手就像管家一样，把智能手机上的各种功能整合在了一起。

智能家居和物联网有多聪明

某个炎夏的晚上，你回到家里，屋里一片漆黑且闷热不已，想开灯，一时找不到开关，又找不到空调遥控器。这样的困扰想必你经历过吧！能不能让家电更"聪明"一些，让它听懂我们说的话呢？只要说一声"开灯"，屋里的灯立刻就亮起来了；说一声"打开空调"，屋里的空调立刻开始运行，驱走炎热。告诉你一个好消息，这个想法已经变成现实了！那就是智能家居。

智能家居能让我们的家智能化。通过物联网技术，我们把家中的各种电器联结起来，然后通过人工智能技术让它们运行得更"聪明"。

我们可以直接利用语音或者手机控制家中的每一个智能设备。屋里太热，我们想把空调温度调低一点，但是找不到遥控器，又急又热（见图4-2）。但是，有了智能家居，只要说一声"把温度设置为26摄氏度"，空调就会按照你的指令自动进行调整，再也不用找遥控器啦！

图4-2　找不到遥控器，禾木又急又热

我们也可以设置一定的条件，配合相应的传感器让设备自动运行。北方的冬天，暖气把屋里烘得热乎乎的，但也会让屋里很干燥。这时传感器检测到空气湿度太低，就会自动打开加湿器。每天早上，窗帘会按照设置自动拉开，让阳光照进屋内。上学的时候，外面突然下起了大雨，可是屋里的窗户还没有关！别担心，雨水传感器会自动通知智能家居控制中心把窗关上。外出时，担心家中会有"不速之客"闯入，现在也可以不必为此忧心了，智能摄像头可以监测家里有无陌生人闯入，起到实时安全防护的作用！

扫地机器人为什么会认路

你在家里会帮爸爸妈妈做家务吗？你喜欢做家务吗？我想大多数同学不是那么想做家务的，要是有一个机器人能帮我们做家务就好了！扫地机器人就是一个能帮我们做家务的机器人。可能很多同学家里已经用上了扫地机器人，那你一定知道它其实不是人形的，而是一个带着两把小刷子跑来跑去的扁平吸尘器，如图4-3所示。

图4-3 扫地机器人

扫地机器人有什么智能的呢？最早的扫地机器人，只会在屋里到处乱走，遇到障碍物就换个方向；现在的扫地机器人可就"聪明"多了，它可以自行规划清扫路线，可以自动绕开屋里的桌子、椅子等障碍，清扫每一个角落，既不重复也不遗漏，如果电量过低，它还可以自己"跑"去充电！

扫地机器人为什么能像人一样知道在屋里该怎么走呢？这要归功于定位与导航技术。扫地机器人经常用三种方式来进行定位和导航：第一种是利用激光雷达，持续向周围发射探测激光来感知地形；第二种是利用信标进行定位；第三种是利用计算机视觉技术，根据摄像头拍摄的周围环境进行定位。其中的第二种，所谓信标定位，是指利用布置在室内的能发射信号的信标进行定位，类似于GPS，如图4-4所示。第一种激光雷达和第三种计算机视觉都需要用到同步定位与建图（SimuHaneous Localization and Mapping，SLAM）技术。

图4-4　信标定位

SLAM技术是做什么的呢？其实就是当机器人来到一个陌生的环境，确定自己的位置并绘制地图为自己进行导航的技术。

如果你到了新的环境，会如何快速熟悉环境呢？首先应该要做的是，观察周围的标志性建筑，找到它们的特征。确定了标志性建筑及其位置，我们就可以在脑海中"画"出一幅地图，如图4-5所示。接下来，我们可以四处探索，不断发现新的标志性建筑，让自己脑海中的地图更加完整、准确。根据脑海中的地图和所看到的周围环境，我们可以很容易地确定自己的位置。等我们对这个地方有了足够的了解，即使走路时晃神了，也可以很快明白自己在什么地方，是不是走错了。

图4-5　根据新环境中的标志性建筑在脑海中"画"出一幅地图

扫地机器人用到的SLAM技术也是这样的，需要进行地标特征提取、三维重建、地图模型校正、位置确定以及重复路检测。实际上，在SLAM技术中，以上几个步骤是同时进行的。

除了用在扫地机器人上，定位和导航技术还有很多应用，例如无人驾驶。利用卫星定位技术，配合高精度地图，就可以让无人驾驶汽车清楚地知道自己的位置；而周围的行人、车辆等障碍物信息，则经常会用到激光雷达和摄像头。另外，城市环境非常复杂，难免会遇到卫星信号被干扰甚至缺失的情况，这时也需要SLAM技术进行补充。

如何屏蔽广告和垃圾邮件

很多网站会通过投放网页广告来获利，有些设计精美的广告也与网页本身相得益彰，为网页增色不少。但有时，泛滥的广告也给我们造成了很多困扰，其中一个典型就是电子邮箱中的垃圾邮件，实在是太讨厌了。根据安全软件厂商卡巴斯基的分析，2019年全世界发送的电子邮件中，有一半以上都是垃圾邮件！那么，有没有办法阻止这些垃圾信息的干扰呢？垃圾信息过滤系统就可以帮我们实现这个愿望，比如电子邮件系统的过滤功能或者一些广告过滤软件。常见的过滤手段一般是利用黑名单和白名单。如果是黑名单中的内容或地址，就拒绝它通过。这种方法常用于拦截垃圾邮件。

但是，一个一个手动加黑名单太过烦琐了，有什么更简单的方式吗？能够自己学习的人工智能也可以化身为垃圾信息的克星。现在已经有很多电子邮件公司利用人工智能来拦截垃圾邮件，比如，谷歌使用了机器学习算法，每分钟可以拦截1000万封垃圾邮件。

人工智能可以根据多种方式找出垃圾信息中的规律，实现拦截。比较常用的一种方法是根据内容关键字进行判断，比如，人工智能通过分析大量垃圾邮件发现，如果邮件含有"打折""优惠""到店"等词，就很可能是广告，如图4-6所示；还可以根据发送信息的行为来判断，如果一个人在以固定的速度快速发送重复的信息，那么很可能也是广告等垃圾信息；除此之外，还有可以将发送信息的IP地址、信息传输经过的网络节点等作为判断的规则。

图4-6　人工智能可以根据内容关键字过滤垃圾邮件

人工智能如何为我们导航

如果我们来到一个陌生的地方，怎么知道自己的位置呢？就现在而言，这个问题非常简单，只要看看手机上的导航App就可以了，而导航App也离不开人工智能。

导航软件的基础就是<u>地图数据</u>。最开始，要绘制地图，必须人来手动测绘，费时费力，成本很高。人们需要去测量这条路多长，那条路多宽，这个路口和那个路口之间有多远，这个转角有多少度。如果你在路上看到有人带着三脚架（一般是黄色的）和外形奇怪的"相机"在拍什么，很可能就是测绘人员在用测绘仪进行测绘，如图4-7所示。除了道路，测绘人员还要去测量一栋栋的房子，记下每个店铺叫什么名字。

图4-7　测绘人员用的测绘仪可没有照相功能

不过现在，有了人工智能（图像识别技术），这一切就方便多了。借助卫星遥感和航拍，我们可以直接生成包括道路名称和建筑名称在内的地图。但是，怎么知道这座建筑的名字呢？我们可以通过装有摄像头的街景车来自动拍摄道路两侧的景象，通过计算机视觉技术来自动识别建筑上的招牌和文字，然后和地图上的建筑对应起来，这样就可以自动为地图标注地名了。

　　导航软件最重要的功能就是规划路线，也就是根据地图、出发点和目的地，找出从出发点到目的地的路径。我们已经有很多办法可以用来规划路线。除了利用传统方法和神经网络，科学家还尝试了一种名为"蚁群算法"的人工智能算法。蚁群算法模仿了蚂蚁寻找食物的探索过程。每只蚂蚁在觅食时会在走过的道路上留下信息素。可能有很多只蚂蚁能找到食物，但是相同时间内，在最短路径上，一只蚂蚁来回走过的次数最多，其留下的信息素也就最高。后续赶来的蚂蚁也会选择信息素浓度高的路径，这样就形成了正反馈。一段时间后，整个蚁群就学会沿着最短路径到达食物所在地了，如图4-8所示。

这边信息素浓度更高，一定是
最短路径，我选择走这边。

图4-8　蚁群算法

让照片更好看

　　不知道你有没有这样的经历：一张美丽的风景照，可上面偏偏有那么几个不协调的元素，比如一根电线杆、一块广告牌或者一件垃圾。有没有办法把这些东西去掉，只留下纯粹的美景呢？再举个例子，我们有一张珍贵的老照片，可是中间部分因有污渍看不清了，有没有办法修复呢？有的同学可能会借助PhotoShop之类的图像处理软件。不过，要把这些软件用好，也不是一件容易的事。我们必须细致、耐心、一点点地进行修补，甚至还要有相当的绘画能力，才能让我们打上的"补丁"毫无违和感，做到"天衣无缝"。

但是，人工智能技术让这一切变得容易多了。2017年，日本科学家发明了一种人工智能算法。经过训练，这种人工智能算法可以根据图像内容自动补全缺少的部分，甚至包括细节内容！

不过，其实这种人工智能算法不知道实际缺少的是什么，所以只会根据已有的内容加以判断。比如，擦掉图中书架前的人，人工智能就会根据周围环境中的陈设自动补上整齐的书；将图中人的脸擦掉一部分，它会自动补全这张脸，不过不一定和原来的一模一样；将图中飞过的飞机擦掉，人工智能会自动补上云彩的纹理，如图4-9所示。

图4-9　人工智能可以自动根据背景补全图像

其实，这种应用你很可能已经体验过了。很多图像处理软件用到了这样的人工智能技术，例如，美图秀秀软件可以帮助我们去除照片中人脸上的斑点，让我们的照片更美观。

除了修补照片，我们还有一个常见的需求，就是抠图（去除背景）。例如，把自拍中杂乱的背景去掉，换上我们喜欢的内容。人工智能同样可以帮我们做到这一点！

妙手回春的人工智能

 禾木： 如果只是拍照、聊天、扫地，那么人工智能也太小儿科了吧，还有没有其他用途呢？

 小核桃： 当然有，比如在医疗领域，人工智能可以辅助医生看病。

 桃子： 真的吗？我叔叔就是医生，他的工作实在太辛苦了，如果人工智能可以帮帮他们，那就太好了！

 小核桃： 在很多医院，人工智能已经成了医生的助手，甚至从你开始网上预约挂号的那一刻起，人工智能就已经开始为你服务了！

挂号难题——我该去哪个科

如果你去医院看过病，那么很可能也曾面临这样的困境——自己到底要去什么科看病？

当然，医院挂号处的工作人员可以给我们提供简单的建议。不过，挂号处的工作人员毕竟不是专业的医生，对于一些很容易混淆的症状，他们只能给你一个大概的建议。

有没有办法能让我们可以轻松解决挂哪个科室的号难题呢？人工智能就可以。现在有些医院已经用上了智能分诊系统。挂号前，智能分诊系统会像医生一样详细地询问你的症状。"你哪里不舒服？""从什么时候开始的？""有没有受过外伤？""疼痛的感觉是刺痛、钝痛、酸痛，还是胀痛？"这时你可别嫌烦，根据你的回答，智能分诊系统能够准确地判断你应该去哪个科室，并为你匹配合适的医生，如图5-1所示。有些系统甚至可以直接把信息和建议传达给医生，让医生提前对你的疾病有简单的了解。

图5-1 智能分诊

人工智能可以帮助医生做出诊断吗

如果你看过《写给青少年的人工智能　起源》一书，也许会对沃森（Watson）这个名字有印象。沃森是一个搭载了人工智能的超级计算机系统，由美国的一家公司研发。2011年2月，它在美国著名的老牌智力游戏节目《危险边缘》中击败了其他所有参赛者，如图5-2所示。在回答问题方面，沃森已经超越了人类！

图5-2　沃森在美国著名的老牌智力游戏节目中击败其他所有参赛者

沃森存储了约2亿页新闻、图书等资料。每当主持人读完问题，沃森就利用自然语言处理等技术对自己的数据库"掘地三尺"，抽取相关信息，查找信息之间的关联，并在3秒内找到答案。

不过，沃森能回答的问题可远远不止综艺节目里的问答游戏。在取得了阶段性的胜利后，科学家一直在研究如何让它发挥更大的作用。一个非常吸引人的方向就是将沃森用于医疗诊断，让它回答医学问题。

从人工智能发展的早期开始，科学家就试图把人工智能用在医学诊断上。开发于20世纪70年代早期的MYCIN就是这样一个人工智能应用。它是专家系统最早期的成果之一，我们在《写给青少年的人工智能　发展》一书中介绍过它。MYCIN可以帮助医生对住院的血液感染患者进行诊断，而且正确率近70％。虽然最终它没有被投入使用，但却是一个很好的示例。

沃森自然更加先进，而科学家的"野心"也更大，他们希望用沃森来研究癌症。癌症是一种非常可怕的疾病，甚至被称为"疾病之王"。一直以来，人们都在想尽办法和癌症作斗争，科学家和医生发明了化疗、放疗、手术等各种各样的方法，却很难彻底战胜它。

不过，近年来，我们在癌症治疗上积累了越来越多的经验，从而使得制定的治疗方案越来越完善。经验丰富的医生能灵活运用这些知识（经验），但资深医生毕竟是少数。那么，沃森能对此提供什么帮助呢？

科学家和工程师使用大量癌症治疗数据案例来训练沃森，最终，只要将病人的各种信息输入，沃森就可以找出合适的治疗方案。2016年8月，有媒体报道东京大学医学研究院利用沃森诊断出一位女性患有一种罕见的白血病。

该患者是一位60岁的女性。起初，医生认为她患了急性骨髓性白血病。这是一种由骨髓性血液细胞过度增生造成的癌症，会干扰造血作用。患者可能会感到疲倦、呼吸困难，而且身体容易出现瘀青、流血等症状，也更容易感染其他疾病。更可怕的是，癌细胞甚至会散布到脑、皮肤、牙龈等位置。唯一可以肯定的是，这是一种急性白血病，如果没有进行正确的治疗，患者可能只剩下几周到几个月的生命。

让人焦虑的是，按照这一诊断进行的各种治疗，都没有取得很好的效果，病人的生命依然在飞速被病魔吞噬。于是，东京大学医学院决定用沃森试试。他们将患者的基因数据输入沃森，让沃森把这些数据快速与数据库进行比对，如图5-3所示。

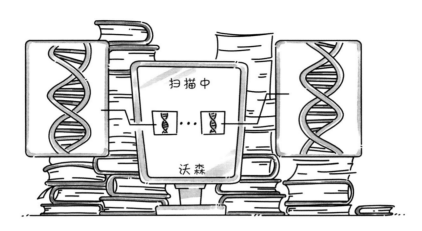

图5-3　沃森可以通过分析基因对比数据寻找病因

沃森系统不负众望，只花了10分钟就发现这名患者有超过1000个基因发生了突变。沃森准确地排除掉基因突变中无害的部分，找到了真正导致疾病的基因，最终得出了诊断结果：患者得了一种罕见白血病——骨髓增生异常综合征引起的继发性白血病。

虽然人类科学家也可以检查这1000个基因突变中哪一个是有害的，最终得到结果，但是这必须花很长时间，而对于白血病病人来说，每一分、每一秒都是宝贵的。

为了能成功做出这个诊断，沃森系统抽取了上千万份癌症研究论文和大量白血病相关的数据。如果把这些论文一一整理出来，想必会是卷帙浩繁了！在未来，随着人类对癌症研究的深入，这些资料还会越来越多，如果人类要全部看完，恐怕耗尽一生也做不到，这让人工智能的帮助变得更加重要。

除了沃森，世界上还有很多其他的人工智能用于医疗诊断。虽然包括沃森在内的

"人工智能医生"还并不成熟，有的甚至存在很多问题，但是我们相信，随着科技的发展，它们将来一定会在医学领域发挥更大的作用。

人工智能可以辅助医生 "读片"

如果病人一直感觉身体某个部位不舒服，但是从外观看不出损伤，医生很可能会让他去"拍片子"。"拍片子"用专业的叫法就是进行医学影像检查。

1895年，德国物理学家威廉·伦琴发现了具有强透射能力的新射线，并将其命名为X射线——也就是我们平常说的X光。伦琴为妻子的左手拍摄了人类历史上第一张X光片。X射线透过人体表面的血肉，把内部的骨骼清楚地留在了照片上，如图5-4所示。从此，人类对医学有了全新的认识。

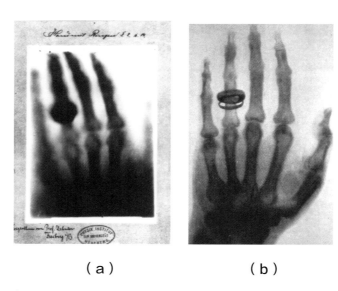

（a） （b）

图5-4 （a）为X射线的发现者伦琴拍摄的人类历史上第一张X光片，
（b）为伦琴在1896年拍摄的另一张X光片

随着医学和科技的发展，越来越多的医学影像技术涌现出来，比如利用X射线的X光和CT，利用磁场的核磁共振，利用超声波的彩超，等等。这是科技赋予我们的"透视眼"。借助医学影像手段，我们可以看到人体内部结构，还可以发现我们肉眼看不到的疾病。在现代医学中，医学影像甚至可以说是诊断很多疾病时最早也是最关键的一步，只有完成基本的确认，才可以进行下一步的诊断和治疗。

不过，医学影像可不是谁都能看得了的。你可能见过一些像X光、CT之类的医学影像，是不是感觉一头雾水？医学影像的判断，有一套非常严格的标准。如果没有经过训练，大部分人最多只能看出来X光片上哪里有根骨头。要给出正确判断（医学术语中的"读片"），医生必须进行严格的训练，还要有丰富的经验。所以，要培养一位会"读片"的医生，往往需要很多年。

即使对于经过专业学习的医生，"读片"也不是轻松的工作。医学影像的判断十分耗时耗力，尤其对于一些非常细微的疾病特征，堪比从一大群蚂蚁中找到唯一一只断腿的，如图5-5所示。CT是一种非常常见的医学影像检查手段，其全名叫计算机断层扫描，就是运用扫描并采集投影的技术，是可以实现建立体层解剖图像的现代医学成像技

太难找啦！

图5-5　找出唯一一只断腿的蚂蚁

术。通俗来讲，这是指利用多角度的X射线拍摄人体内部，然后用计算机进行整合，最后的效果就好像把人体抽象成了很多薄片（每一片的厚度甚至只有0.5mm）。即使对于"疾病之王"癌症，CT也是一种比较好的检查手段。

要对人体进行检查，不可能只得到一张片子。实际上，每次检查需要拍摄的CT片

数量可能会有成百上千张！一般来说，医生需要在几十分钟内看几百张图像，然后根据自己积累的经验分析判断影像上的问题，筛选出病变的图像——真正有用的可能只有几张。这样高难度而且繁重的工作，一旦时间长了，医生怎么可能不疲劳呢？

除此之外，人类的主观性是不可避免的。对于一张图像，有的人可能觉得是一个意思，换一个人可能会觉得是另外的意思，如图5-6所示。这对于"读片"来说显然是不合适的，毕竟判断有无疾病得有一个明确的结果作为依据。

图5-6　不同的人对同一幅图像可能有不同的想法

此外，对于人类来说，综合利用图像上的所有信息并不是一件容易的事。通常，人们会很自然地关注图像上的重点信息，但是对于疾病诊断来说，有时一些被忽略的内容反而可能是非常关键的。

难度高、工作量大、存在主观性、难以利用全部信息，这些因素很有可能导致误诊。人工智能正是解决这个问题的一个好办法。

人工智能（图像识别技术和深度神经网络）可以学习大量的医学影像案例，汲取资深医生的经验，最终实现快速识别病灶。只需要几分钟，人工智能就可以完成上千张医学影像的分析。人工智能不会遗漏、遗忘、疲劳，效率很高，可以说是个绝佳的助手。在一些实验中，人工智能判断医学影像的准确率已经超过了人类。

国内已经有很多医院正在建设人工智能系统。例如，四川大学华西医院的人工智能系统学习了数万份CT影像数据，可以在1分钟内筛选出准确的病变图像，还可标出病灶的部位、大小和密度。在很多相对偏远的地区，当地医院可能有足够先进的CT设备，但是缺少能看得懂CT影像的放射科医生，上文提到的人工智能系统就可以通过网络为这些医院提供支持。

在2020年席卷全世界的COVID-19肺炎病毒疫情中，人工智能发挥了重要作用。2020年2月，达摩院联合阿里云针对新冠肺炎临床诊断研发了一套人工智能诊断技术，可以在20秒内对疑似病例的CT影像做出判断，分析结果的准确率超过90%，大幅提升了诊断效率。

灵活的人工智能假肢

如果失去双腿，人还能重新站起来吗？如果失去双手，人还能亲自采下一片秋天的红叶吗？残疾是很多不幸遭遇事故、疾病的人不得不面对的痛苦。为了弥补他们身体上的缺憾，人们发明了假肢（又称为义肢）。借助假肢，残疾人可以重新获得一定的运动能力。

但是，传统的假肢活动能力非常有限，有些假肢腿只能起到简单的支撑作用，无法起到和真腿一样的功能。如果失去的是人的手，就更是如此了。人类的手有27块骨骼（见图5-7）、34块肌肉、48条主要神经和100多条韧带，能灵活地做出各种精细动作。然而，假肢手通常没有运动能力，只能起到美观作用。其实，以现在的科技，要制作精细的假肢，给它提供合适的动力虽然非常困难，但并非不可能。但是，即使真的制作出了足够精密的机械手，又如何让它按照人的想法活动呢？

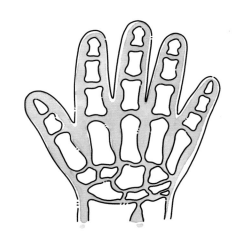

图5-7　手部有27块骨头，最下面的两块是手臂骨骼

在神经科学、人工智能、机械、医学等学科的科学家合力研究下，智能仿生假肢为残疾人带来了新的希望。通过遍布全身的神经，大脑可以把指令发送到各个器官，我们也就能做出各种行为。我们曾经在《写给青少年的人工智能　发展》一书中提到，大脑的指令是一种电信号，大脑中的电信号也就是我们说的脑电波。如果能采集到脑电波并加以识别，是不是就可以做到用意念控制假肢，做到像真正的肢体一样的动作呢？这是一个很好的思路，但是实现起来并不容易。脑电信号非常微弱，以目前的技术来说，想要采集足够强度的脑电波，必须戴上复杂的设备，如图5-8所示。即使这样，采集效果也很不理想，要达到更好的采集效果，需要向大脑中植入电极。无论是戴上整套专用设备还是植入电极，对于日常使用来说都太过复杂了，植入电极的风险更大了，一旦失败，后果非常严重。那么，有没有其他办法，能接收大脑的指令呢？

图5-8　读取脑电波需要用到复杂的设备

科学家发现，大多数截肢患者存在一种幻觉，认为失去的肢体依然存在，这被称为"幻肢感"。比如，他们可以想象失去的肢体还可以拿取物品，甚至感受到疼痛。这说明，即使失去了手脚，大脑仍然可以给手脚发送指令，只不过指令无法传输到目的地。不过，当截肢者想象着做出某一动作时，大脑产生的运动神经信号就会使得断口处残存的肌肉纤维收缩，这个过程会产生表面肌电信号。表面肌电信号是众多生物电信号中的一种，有易获取、抗干扰性强等特点。采集表面肌电信号就比采集脑电波容易多了，所以我们可以据此获取大脑发送给四肢的指令，如图5-9所示。

不过，采集信号只是第一步，我们还需要让机械的假肢"读懂"人体产生的表面肌电信号，把生物电信号和机械运动对应起来。此外，表面肌电信号因人而异，每个人的身体状况不同，产生的表面肌电信号也会有差别。要更准确地解读表面肌电信号，我们就需要人工智能的帮助了。

表面肌电信号
采集装置

图5-9 通过采集表面肌电信号，我们可以获取大脑发送给四肢的指令

利用机器学习和模式识别方法，我们可以解析表面肌电信号，控制假肢运动。一般来说，经过几天到几个月的训练学习，让肌电假肢和使用者互相适应，机械手就可以完成大部分基本的日常操作，甚至可以使用特制的筷子。不过，表面肌电信号能传达的信息毕竟有限，又很不稳定，因此这些肌电假肢还无法像真正的手一样灵活。肌电假肢的另一个问题是，虽然可以运动，却没有感觉，这就让活动很难非常精准。比如，当用肌电假肢手拿起鸡蛋时，怎么才能既握得够紧不会掉下去，又不会因太用力而把鸡蛋捏碎呢？除此之外，截肢范围特别大的残疾人很难使用肌电假肢，因为他们可能连残存的神经、肌肉纤维都失去了。

为了克服这些缺点，除了直接利用表面肌电信号控制，还有另一种思路，那就是结合使用者的表面肌电信号以及假肢的动作、姿态或者其他传感器的信号，来判断使用者想做的动作，然后主动调整假肢，做出相应的动作。比如，在假肢手上安装压力传感器，一旦检测到假肢碰到了物体，就说明使用者很可能是想把东西拿起来，然后就做出抓握动作，如图5-10所示。一旦手里的物体发生了滑动，假肢会在几百毫秒内给出反应，然后抓得更紧一些。我们还可以在腿部（假肢）中安装姿态传感器、加速度传感器、压力传感器等，然后利用人工智能算法判断使用者到底是在走路、跑步还是在上台阶，进而让假肢可以主动调节脚踝或者膝关节的运动，让使用者的动作更加稳健。

随着科技的发展，科学家还在研究更先进的假肢，比如，直接解析脑电波，实现对假肢更灵活的控制。实际上，这样的研究已经取得了一定的进展，早在2014年，在巴西世界杯足球赛的开幕式上，一位瘫痪少年穿上利用脑电波控制的特制机器人外骨骼，尝试着从轮椅上站起来，向前迈出几步，开出了第一脚球，如图5-11所示。虽然这只是一个很不成熟的实验室产品，但我们相信，在不远的将来，更多更先进的同类产品能让每个残疾人像正常人一样活动，甚至让每个人在机械的帮助下突破人类的极限。

图5-10　智能假肢可以根据传感器信号判断使用者的想法

图5-11　2014年巴西世界杯开幕式上，一位瘫痪少年借助机器外骨骼为比赛开球

别具匠心的人工智能

 桃子：人工智能真的很厉害，不过我发现，人工智能擅长的基本都像下棋一样充满理性和规则。

 禾木：这确实是计算机的主场。如果是画画、写作这些需要感性和灵感的领域，人工智能应该就不太行了吧？这可是我们人类的地盘！

 小核桃：那可不一定哦！现在已经有人工智能逐渐学会艺术创作了！无论是画画还是写作，人工智能也能像人类一样创作了。

会模仿绘画风格的人工智能

不同的画家、流派有不同的风格，比如，中国水墨画中齐白石的写意画笔法简练、墨彩飞扬且富有神韵，中国工笔画则工整细致、崇尚写实，油画中莫奈的印象派笔触注重光影的改变，毕加索的立体主义把物体从多角度解析后在同一画面中重新组合。

人类学习绘画的第一步往往就是模仿，而要在此基础上"走出自己的路"，一般需要经过很长时间的潜心学习。如今，人工智能（风格迁移技术）能够分析画中的纹理等规律和特征，可以快速把一幅画的风格套用到另一幅图上，得到一幅新的画，如图6-1所示。

图6-1　把一幅画通过人工智能（风格迁移技术）得到凡·高风格和日本浮世绘风格

你可以在ostagram官方网站上免费体验。只要上传图片并选择相应的风格，就可以进行风格迁移了。网站提供免费服务，不过一般需要比较长的时间才能得到结果。

人工智能可以自己画画吗

严格来讲，风格迁移只能称为模仿，还算不上创作。那么，人工智能真的可以自己画出一幅画吗？

2018年10月，在佳士得艺术品拍卖行的一场拍卖会上，一幅肖像画画作拍卖出了432500美元（折合人民币约301万元）的高价，而这幅画当初的预售价格仅设定在7000和10000美元之间。

更令人惊讶的是，在这场拍卖会上，还有著名画家毕加索的27幅作品参与拍卖，而毕加索作品中售价最高的一幅也不过和这幅肖像画价格持平。

到底是谁的作品居然比毕加索还引人注目？是莫奈、凡·高，还是达·芬奇？答案在画的右下角——这里通常留有作者的签名，但这幅画的右下角居然是一行公式！这是什么意思呢？原来，这幅画的作者其实是人工智能，而位于右下角的公式就是人工智能用到的一个重要公式。

图6-2 《埃德蒙·贝拉米肖像》

这幅画称为《埃德蒙·贝拉米肖像》（*Edmond de Belamy*），如图6-2所示。画上是一位身穿白色衬衣和深色外套的男子，其面部非常模糊，让人难以辨认，而整个画面的风格与18世纪的油画很相似。乍一看，你会误以为这是某位艺术家的作品。实际上，它是由一个艺术家团队Obvious利用人工智能生成的。这个团队由3位年轻艺术家组成，他们的想法是探索如何把艺术和人工智能结合起来，而他们生成这幅画所用的方法是一种深度学习算法——生成式对抗网络（Generative Adversarial Network，GAN）。他们利用这种算法学习了15000幅从14世纪到20世纪的肖像画数据，最终生成了这幅画。

什么是生成式对抗网络

禾木想成为一位画家，于是他开始勤奋练习，模仿各种名家作品；而桃子则想成为一位鉴赏家，她每天去看禾木的作品，指出他的作品和名家的作品有什么区别。

刚开始，禾木的绘画水平并不高，桃子的鉴赏水平也不高。随着不断练习，禾木画得越来越好，桃子越来越难以找出区别。同时，桃子因为鉴赏了越来越多的作品，她的鉴赏水平也提高了，禾木作品中的各种"不一样"也就越来越难逃过她的眼睛。就这样，两个小伙伴一起学习，互相促进，他们的水平越来越高。最后，禾木成了大画家，桃子成了著名的鉴赏家。

生成式对抗网络像禾木和桃子这对亦敌亦友的好搭档一样，如图6-3所示，分为生成和对抗两个部分，我们可以把这两个部分称为生成器和判别器。生成器就像一位勤奋的画家，利用神经网络分析输入的数据，寻找并总结规律，学习作画的规则，努力模仿；判别器就像一位非常专业的鉴赏家，也利用神经网络分析

图6-3　鉴赏家和画家的"对抗"

肖像画数据，寻找并总结规律，不过它不是为了学画画，而是努力辨认自己鉴赏的画到底是来自数据库中的"真画"，还是生成器做出的"赝品"。生成器和判别器都在不断学习，调整自己。一旦生成器可以完全骗过判别器，这就说明生成器产生的作品已经和数据库中的作品没有差别了，也就是说，训练成功。

不过，很多人觉得人工智能画出来的作品不能算作"艺术"，认为它只是利用算法把各种人类作品拼凑起来，不具备原创性，更不要谈艺术的灵魂。《埃德蒙·贝拉

米肖像》之所以能够拍卖出那么高的价格，难免有炒作之嫌。有些评论家甚至认为这是"2018年最无聊的艺术品"，声称"除了创作方式新颖，它实则愚蠢"。不过，Obvious 团队认为，即使是人类，学习绘画也是从模仿名家作品开始的，很多艺术家需要博采众长，从前人的作品中汲取营养和灵感。生成式对抗网络也是这样，它像人类一样，从成千上万幅画中摸索出艺术的规律，其中要经历"学习"的过程，并非简单拼凑。既然最后生成的是谁都没见过的图像，又凭什么认定这样的作品不具备原创性呢？

还有艺术家认为，艺术作品是创作者情绪和思想的表达，是有感情的，而人工智能连思考都不会，更别说有感情了。也有人认为，即使是人工智能的作品，也是可以有情绪色彩的，只不过这种情绪可能更多在于欣赏者的体会。

当然，很多艺术家觉得人工智能"进入"艺术界并不是一件坏事，他们认为人工智能可以成为一种新的创作工具和表现形式。也许，未来的艺术就会由人类和人工智能合作完成。

除了Obvious团队，还有人用人工智能创作其他风格的作品。比如，之江实验室的"墨染"——一个主攻中国传统山水画的人工智能，它学习了超过200万幅山水画，能够挥毫泼墨，瞬间完成创作。

"墨染"非常擅长对残缺的画作进行补全，只要将若干残缺图像分别放在画卷的两端，它就可以自动生成风格类似的作品，补全画面，形成一幅完整的新山水画，而且画面的衔接非常自然，让人难辨真假。除此之外，如果操作者在中间空白位置简单勾勒几笔，"墨染"就可以根据画上的线条补全画面。很多古画在流传过程中难免出现一些缺损，比如《富春山居图》的真迹，中间有一部分已经被火烧毁，实在是太遗憾了。像"墨染"这样的人工智能，为修复这些古画提供了一种新的可能。

在生成式对抗网络的基础上，科学家发明了更适用于艺术创作的创意生成式对抗网络（Creative Adversarial Network，CAN），让人工智能有了创造性思维。运用CAN生成的作品已经可以做到让普通观众难辨真假了。

生成式对抗网络还有什么用

除了创作艺术品，生成式对抗网络可以用于生成其他图像。比如，它可以把卫星拍摄的地面图片转化成地图，把白天的图像转化成黑夜的图像，自动生成不同姿势的模特图像，还能根据文字自动生成逼真的图片，根据草稿生成完整的画作，如图6-4所示。

图6-4　生成式对抗网络可以根据草稿生成完整的画作

其中最让人震惊的，大概要属生成人脸图像。生成式对抗网络既可以凭空生成一张逼真的人脸，也可以把你的脸换到各种图片、视频当中。这个功能可以让那些想像明星一样参与到各种电视节目或电影中的同学过一把瘾！

不过，这个功能存在很大的风险。如果有居心不良的人利用这样的技术生成视频，进行诈骗、造谣，造成的危害和损失将是难以估量的。所以，这样的技术到底该如何运用和监管，非常值得思考。

我国有公司开发了这样的App，比如"ZAO"。这款App就可以把用户上传的人脸图片替换到各种影视作品中。为了防止有人用它造假，开发者对这款App进行了一定的限制，比如不能保存生成的作品，也不能录屏。

人工智能会写作吗

2017年8月8日，正在四川省旅游的禾木突然感觉到一阵摇晃。"地震了？"禾木有些惊慌，急忙来到空旷的场地。确定安全后，禾木赶快打开各种新闻网站，希望了解到相关消息。不过他也觉得，这么短的时间，恐怕很难有比较精准、及时的报道。

让他惊讶的是，没过几分钟，中国地震台网就发布了一篇图文并茂的新闻报道，清楚地介绍了地震的情况和其他相关信息。更让人惊讶的是，写就这篇报道只花了25秒。

25秒，恐怕连看完这篇500多字的报道都不一定够吧！到底是谁能写得这么快？这篇文章在结尾处揭晓了这个问题的答案：这是一篇由人工智能记者自动生成的文章。

人工智能写新闻不再是新鲜事，尤其是对于格式相对固定的财经和体育比赛新闻，能抢到头条的不乏人工智能记者。

2016年，今日头条的人工智能记者"张小明"参与了里约奥运会的报道，其中一则报道如图6-5所示。"张小明"用6天时间"写就"了200多篇稿件，平均每天写就三四十篇稿件，甚至可以一场不落地关注奥运赛场上的所有比赛。要知道，奥运会有数百个项目，每个项目又有多场比赛。如果全部由人类记者报道，那得需要多少人呀。人工智能记者的出现，解决了人手不足的问题，让那些冷门项目的爱好者可以快速获取到比赛的信息。有了人工智能记者的帮助，人类记者可以对那些关注人数更多的项目进行更深入的采访报道。

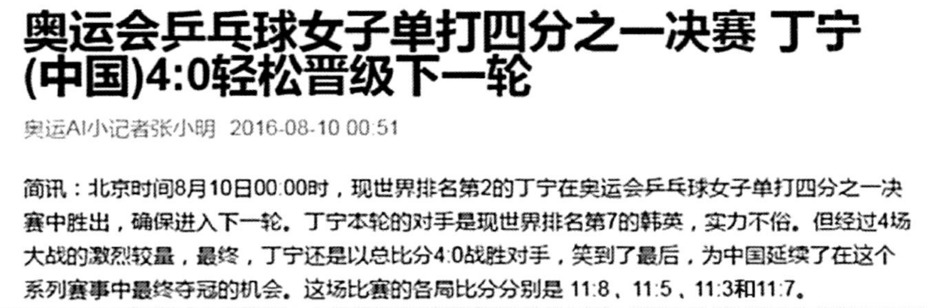

奥运会乒乓球女子单打四分之一决赛 丁宁 (中国)4:0轻松晋级下一轮

奥运AI小记者张小明 2016-08-10 00:51

简讯：北京时间8月10日00.00时，现世界排名第2的丁宁在奥运会乒乓球女子单打四分之一决赛中胜出，确保进入下一轮。丁宁本轮的对手是现世界排名第7的韩英，实力不俗。但经过4场大战的激烈较量，最终，丁宁还是以总比分4:0战胜对手，笑到了最后，为中国延续了在这个系列赛事中最终夺冠的机会。这场比赛的各局比分分别是 11:8、11:5、11:3和11:7。

图6-5 来自"张小明"的一则报道

人工智能记者依赖的是自然语言处理技术。要写一篇简单的新闻，人工智能记者要有很强的总结能力，能够从大量的数据中发现背后的事实，提取所需内容，并通过整合形成文档。

不难看出，这种简单的新闻大多有固定的格式，这也许并不能说明人工智能有真正的创造力。

别急，人工智能不仅会总结和整合资料，它们还能写诗。

江 山

作者：九歌AI

长恨春回百草芽，一生心事付烟霞

人怜楚客悲新柳，马识周郎赋落沙

风细雨声归蜀道，月明渔笛梦京槎

何时相伴闲鸥侣，醉倚阑前听晓鸦

　　这首诗就是人工智能"九歌"的作品。"九歌"学习了从唐朝到清朝数千位诗人的30多万首诗。虽然远不及李白、杜甫这些大诗人，但是相比初学者来说已经相当不错了。一般来说，人工智能写的诗在押韵、平仄、格律、对仗方面都做得很好，在诗的起承转合方面也做得相当不错，甚至在部分诗句上会有亮眼的表现。

　　不过，人工智能写的诗也有一些缺点，比如在诗意上不够连贯，对仗虽然工整但是有时过于呆板。

　　除了"九歌"，"诗三百"也是可以创作古体诗的人工智能，表现很不错。你可以在"九歌——人工智能诗歌写作系统"和"AI作诗——诗三百·人工智能在线诗歌写作平台"这两个网站体验一下。

　　除了古体诗，人工智能创作的现代诗也很有韵味。微软公司的"小冰"就很擅长写现代诗。"小冰"对1920年以来519名中国现代诗人的作品进行了1万次的迭代学习，形成了自己的文风。她还创作了一部诗集——《阳光失了玻璃窗》，是不是很有诗意？下面几句就节选自这部诗集中的一首诗。

家是一条变化的河流

但是我的生命之周边横溢着无端的幻梦

金子在太阳的灵魂里

浮在水面上

在天空里发呆

就是拒绝岸上的蚂蚁上树

用人工智能保护文物

如果你去过长城，一定会为它的雄伟所震撼；如果你去过敦煌，一定会为莫高窟的绝美壁画所沉醉。世界上有无数历史古迹，它们都是先人留给我们的宝贵遗产。

但让人心痛的是，这些宝贵遗产每时每刻都在消失。不管是风吹日晒，还是人为保护不当，这些宝贵的历史遗迹都在经受着不可逆转的损伤。风吹雨淋下，长城的墙体开裂甚至坍塌；随着风沙的侵蚀和光线照射的影响，莫高窟的壁画渐渐褪色；2019年4月，巴黎圣母院的木质屋顶毁于火灾。

这实在是太让人惋惜了！好在文物保护工作者和科学家们已经开始用人工智能技术对这些文物进行保护和修复。文物修复不是只要好看就行，必须尽可能减少对文物的影响，修复后要尽可能地接近其原貌。这可不是一件容易的事。在很多失败的修复例子中，文物非但没有被修复好，反而"画虎不成反类犬"，如图6-6所示。

修复前　　　　　　　修复后

图6-6　文物修复不当

文物和人工智能看似差了十万八千里，它们之间会有什么关系呢？实际上，人工智能在文物修复和保护工作中起到了非常大的作用。

如果让你说出你认为最重要的历史古迹，我想长城一定是其中的一个。长城的修复就有了人工智能的助力，其中最典型的就是对北京箭扣长城的修复。

箭扣长城是万里长城的一部分，始建于明代。相比八达岭长城，它更加壮观，很多地方建于断崖险峰上，地势险峻异常。

历经数百年的风吹雨淋，箭扣长城因年久失修，多处墙体出现了开裂、坍塌亟须修复。

可是，要进行修复，我们必须先对长城的宽度、高度等数据进行尽可能精确的测量，即环境勘测。传统方式需要用尺和其他测绘仪器进行实地测量，难以得到精确的数据。在古代，长城就是起防御作用的，所以一般修建在地势陡峭的山上，借助大自然屏障来阻挡敌人。正因如此，修复难度很大，想要进行全方位测量更是难上加难。这可怎么办呢？

在武汉大学测绘遥感信息工程国家重点实验室、中国文物保护基金会、英特尔（中国）有限公司等机构的共同努力下，相关专家不再需要冒着危险翻山越岭，而是利用无人机对长城进行全方位的拍摄，完成了高精度图像的采集工作。无人机可比人灵活多了，很多人去不了的地方它也能去。利用无人机采集数据，不但方便、快捷，而且可以更清晰、全面地了解箭扣长城的损毁程度。

有了图像数据，修复团队采用英特尔处理器实现了三维建模和损毁检测，并利用人工智能三维生成式对抗网络技术和回归卷积网络对损毁部位进行数字化修复，如图6-7所示。不仅如此，人工智能还可以自动识别出长城上哪里有缺损，哪里有裂缝，给实际的修复工作提供建议。

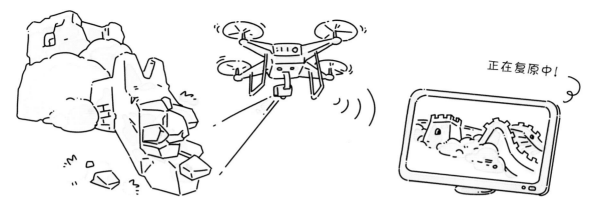

正在复原中！

图6-7　人工智能可以根据破损长城的图片生成完整的长城模型

　　还有一些文物保护工作，不必像测绘长城这样翻山越岭，但是同样非常困难，比如把敦煌莫高窟的壁画进行数字化保存。

　　正如前文提到的，莫高窟的壁画在褪色。那么，我们能不能用图片的形式，把它们永久保存下来呢？这个听起来好像很容易，不就是拍照片吗！谁不会？但是，因为莫高窟里空间不够大，还有很多障碍物，以及为了保证清晰度并克服传统摄影技术无法避免的轻微畸变，我们无法完整、精准地拍摄整幅壁画。这就需要文物保护专家把壁画划分成若干小块分别拍摄，然后把一幅幅的图片拼起来，最终形成与原画完全一致的、高度清晰的数字化档案，如图6-8所示。每平方米的壁画，就需要拍摄几百张图片。为了能严丝合缝地顺利拼接图片，前期拍摄时，我们必须让每幅图片的光线、角度等保持一样；后期拼接时，更是要倍加细致、耐心。一般来说，要对一个中等规模的洞窟进行数字化保存，需要花费一个月时间进行拍照，然后再花费三个月时间进行照片拼接。整个莫高窟文物保护团队，一年内大概可以进行20个洞窟的数字化保存。可是，莫高窟有几百个洞窟，以现在的速度，想要全部进行数字化保存，还需要很长时间。到底如何才能从大自然手中抢时间呢？

图6-8　文物保护专家需要把壁画分块拍摄后拼接

　　人工智能就是一种解决之法。科学家已经采用人工智能技术自动化地进行图像采集。不仅如此，敦煌研究院和浙江大学计算机科学与技术学院还共同研发了照相系统，采集设备可以在洞窟中自动移动，自动调节灯光进行拍摄，而且其稳定度比人类更高。照相系统拍摄壁画的同时，图像信息即时显示在拼图系统中，而且利用系统中的三维定位功能，还可以在后期处理中校正画面的透视和变形。利用人工智能采集数据，不但总体效率比原来高得多，拍摄质量丝毫不逊色。

　　利用人工智能技术，科学家把原来无法移动的莫高窟完整地复制出来，让我们在千万里之外就可以欣赏这份艺术瑰宝。

精耕细作的人工智能

 桃子：禾木，你又剩了这么多食物！

 禾木：对不起，我真的吃不下了。

 桃子：那以后就不要每次都准备这么多菜了。"谁知盘中餐，粒粒皆辛苦"，我们怎么能浪费粮食呢？农民伯伯真的是太辛苦了，要是人工智能可以帮我们种田就好了。

 小核桃：这当然没问题了！从古至今，农业都是关系国计民生的产业。因此，人工智能在农业中的应用，一直为很多科学家所关注。借助人工智能技术，我们可以对农作物进行更加精确的培育，还可以利用各种智能机械来实现自动化的工作。

用人工智能给棉花田开"药方"

你知道自己身上穿的衣服是什么材质的吗？可能是羊毛、化纤、蚕丝或者亚麻。但是要说最常见的衣服材质，那肯定是棉布，纯棉材质的衣服既柔软舒适又保暖。但是，用来做棉布的棉花是怎么来的呢？

棉花是一种植物。图7-1所示的是即将成熟的棉花。和小麦、大米等农作物一样，用来做棉布的棉花也来自农民伯伯的辛勤劳动。我国新疆地区非常合适种植棉花。截至2020年，新疆约有250万公顷（2.5万平方千米）的棉花田，世界上近1/10的棉花在这里生长。

图7-1 即将成熟的棉花

不过，采摘棉花是一项非常辛苦的工作。采棉工人要弓着腰把棉花从密密丛丛的叶子中一朵一朵地采出来，还要防止被枝条划伤，更不用说还要忍受昼夜温差大所带来的煎熬——早穿皮袄午穿纱，围着火炉吃西瓜。

有没有办法能更快、更方便地采摘棉花呢？实际上，棉花的采摘早已实现了较高比例的机械化，图7-2所示的采棉机就是为了解决这个问题发明的。一台采棉机的采摘速度相当于几百个人的采棉速度。但是，采棉机也有缺点。首先，它分不开棉花和叶子，棉花和叶子混在一起，显然会降低质量。另外，采棉机会一次性采摘所有棉花，但是实际上棉花的成熟时间是不一样的，有的早一些，有的晚一些，如果等最后一批棉花成熟再采摘，最早成熟的棉花可能已经坏掉了。这就意味着，总会有一些棉花被浪费掉。

图7-2　采棉机

所以，在采棉之前，工人们一般会喷洒一种名为脱叶剂的农药。一方面，可以让棉花的叶子落下去，这样不管是人工采摘还是用采棉机进行机械化采摘，都方便了很多；另一方面，脱叶剂可以促进田里的棉花同一时间成熟。

但是，喷洒太多的农药会对人体造成伤害，还会对土地造成污染。因此，在做成棉布前，工人们会对棉花进行多次"清理"。但是，喷洒农药和采摘棉花的工人就很难保护自己了。

好在，科学家和工程师利用人工智能解决了这个问题。我国一家植保无人机公司研发出了利用无人机喷洒农药的方法。无人机会利用计算机视觉技术对整片棉花田进行测绘，然后将棉花田分成一个个的小格子，精确识别每个格子里的作物密度与生长趋势。运用AI处方图技术，人工智能会分析出每一处棉花最合适的喷药量，就好像医生给不同的病人开出不同的处方一样。这样，无人机就可以在每个区域喷洒不同剂量的脱叶剂了，如图7-3所示。科学家还利用深度学习，找到了为棉花喷洒脱叶剂的最佳时间，保证让所有棉花一起成熟。

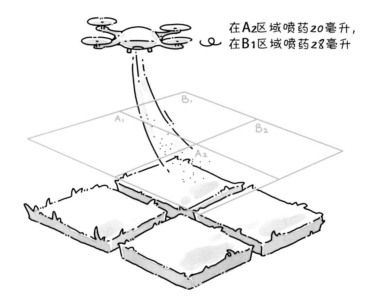

在A_2区域喷药20毫升，在B_1区域喷药28毫升

图7-3 运用AI处方图技术喷洒合适剂量的脱叶剂

利用人工智能技术，无人机可以用比人类快60倍的速度完成脱叶剂的喷洒，而且农药的使用量减少了40%。

无人机和人工智能可以做的远不只是喷洒农药。结合无人机航拍、卫星遥感和置于田间的多种传感器，我们可以获得更多的信息，利用人工智能技术为农田开出更详细的"处方"，得出最适合每块棉花田的处理方案。比如，利用搭载特殊传感器的无人机，我们通过类似核磁共振的成像技术拍下土壤照片，通过智能分析，衡量土壤肥力，精准判断适宜栽种的农作物。行驶在田间的除草机器人会利用摄像头找出杂草，精准除草而不伤害农作物。

用人工智能数苹果花

如果要评选最大众的水果，苹果一定能拿到一个好名次。新鲜的苹果又甜又脆，还很有营养，富含多种维生素、矿物质和膳食纤维。你知道吗，世界上一半以上的苹果都是中国生产的，也就是说，我国是世界上生产苹果最多的国家。

不过，你见过苹果树开花吗？每年的四到六月份是苹果树开花的季节。苹果树的花像小鸡蛋那么大的、白里透着点粉红色的花，如图7-4所示。它们争先恐后地从繁密的绿叶间隙探出头来，分外美丽。

图7-4　苹果树的花

当我们沉醉于满树花开的美景时，科学家和工程师们在考虑另一个问题——这棵苹果树上到底有多少朵花？

这个问题真是有点奇怪，知道有多少花有什么用呢？苹果就是由这些美丽的花发育而成的，所以，只要知道了有多少花，就能估算苹果的产量，这样也就知道到时候需要多少名工人采摘苹果，需要多少辆车来运输，需要多少个仓库来储存，从而可以提前做准备。

除了估算产量，还有另一个作用，那就是精确地疏花疏果。疏花疏果就是手工摘掉一部分苹果花和刚长出来的小苹果。苹果树上密密麻麻的花多漂亮呀，为什么要摘掉一部分呢？而且摘掉了花，结出的苹果不就变少了吗？实际上，疏花疏果就是为了让果树少结一点果子。一棵树能够为果子提供的养分是有限的，如果结的苹果太多，营养就会不够分，最后苹果会"营养不良"，长得又小又不好吃，甚至因为养分不足，有一部分果子可能长着长着就掉下来了，最终产量反而会下降。如果适当地去掉一部分花，就可以保证果子的养分充足。虽然苹果的数量可能少了，但是可以让每个苹果都大而甜，如图 7-5 所示。

图 7-5　适当地疏花疏果可以提高产量

那么，到底要摘掉多少花才合适呢？在传统方法中，果农只能根据经验大致判断。

不过，这样一方面没有那么精确，不一定能达到最好的效果，另一方面，对果农的经验积累也有比较高的要求。如果想要更加精确、可靠地制订疏花疏果方案，就需要先知道每棵树上本来有多少花。

所以，怎么数出苹果花的数量，就非常重要了。靠人来一朵朵数肯定是不行的。苹果树的花一般只会开一个周左右，那么多树，那么多花，怎么数得完呢？科学家和工程师们决定利用无人机和人工智能技术来解决这个问题。

利用无人机航拍，我们可以迅速得到每棵苹果树的图像，随后利用计算机视觉技术中的定位和分割技术，迅速找出花朵在哪儿，并数出花朵的数量。

除了数出花朵，我们还可以对农田和果园进行全面的管理：利用计算机视觉技术可以根据果树的叶子和枝干来确定其生长情况，从而计算每棵果树需要的水和肥料，并控制灌溉系统进行自动浇水施肥。原来需要几十人管理的果园，现在只要几个人就可以了。在国内种植苹果最多的山东省和山西省，已经有很多地方建成了智能果园。

用人工智能调节温室

我们常说农业是一个靠天吃饭的行业，天气、土壤和季节都会影响粮食、蔬菜的生长，但是有一种方法可以让农业摆脱天时的影响，那就是温室（俗称"大棚"）。当温室和人工智能"相遇"，智能温室就出现了，我们就可以为植物生长创造最合适的环境。

通过在温室安装各类传感器，我们可以实时监测温室中的各种数据，并进行分析和调节。如果土壤太干燥，就打开灌溉系统；如果空气太潮湿，就打开除湿系统；如果阳光太强，遮光帘就会自动放下；如果光线太弱，就可以打开灯补充光照。智能温室完全可以自动运行，昼夜不停地为每一株植物"服务"。

会养猪的人工智能

　　猪肉是人们生活中很常见的一种食材。很多大型养猪场饲养了几万头猪，这就需要工人们每天巡视猪舍，看看有没有猪生病、受伤或者出现其他问题，所以工作是十分繁重的。不过，随着科技的发展，有些养猪场已经开始利用人工智能来养猪了。

　　通过在猪舍中安装大量的传感器，人工智能可以方便地搜集每头猪的信息，随时监测有没有异常情况。对于养猪场来说，每年能生下多少头小猪非常重要。科学家们为此专门开发了判断母猪是否怀孕的人工智能算法，通过母猪的睡眠情况、站立的频次、进食的多少甚至表情变化，就可以分析出到底会不会有小猪出生。

　　小猪出生之后也需要得到精心养护，而人工智能可以密切监测每只小猪的健康状况。通过小猪的不同叫声，人工智能可以准确判断小猪是在吃奶、睡觉还是被猪妈妈不小心压到了，甚至可以捕捉小猪咳嗽的声音，如图7-6所示。小猪在不同的状态下，体温也会发生变化。利用语音识别和红外线测温等技术，人工智能就可以分析出小猪的状态。

图7-6　人工智能可以根据小猪的叫声判断其有没有危险

不过，知道有小猪生病后，怎么才能准确地找到它进行治疗呢？分辨小猪的脸有什么不同，这个问题好像有点难。如果它们的花色一样，你能通过脸认出不同的小猪吗？传统方法一般会通过在猪身上做耳标等标记来识别，但是，要找的时候，它们可不一定会乖乖配合检查，要想一头头抓过来一一查看，谈何容易呀！

不过，对于人工智能来说，"看脸认猪"也不在话下。中国有一家公司就开发了能进行猪脸识别的人工智能，可以通过猪的面部特征精确识别每头猪。每头猪一生下来，就通过视频记录下成长的轨迹，因此不仅可以了解每头猪的健康情况，还可以知道每头猪吃多少、喜欢吃什么、不喜欢吃什么等，甚至可以给每头猪生成唯一的代码，把它的生日、父母和后代都准确记录下来。

日行千里的人工智能

 禾木：好想坐车出去兜风啊！可是爸爸妈妈工作太忙了，没时间带我出去。如果人工智能可以让汽车自动行驶，该多好啊！

 桃子：我刚刚坐车回来，路上实在太堵了。几百米的路，居然花了半个小时！如果人工智能可以解决堵车问题，该多好啊！

 禾木：我听新闻播报，刚才的堵车是因为有人酒后驾驶发生了车祸。人工智能可以让驾驶变得更安全吗？

 小核桃：别急，利用人工智能（无人驾驶技术），我们已经走在实现这些愿望的路上了。

会开车的人工智能

人工智能已经变得能看、能听、能思考，也开始逐渐进入一些需要综合能力的领域，一个典型的例子就是无人驾驶。

汽车可真是一个伟大的发明。你可能遇到过放学路上突然下起瓢泼大雨，小小的雨伞根本挡不住雨点飞到身上；你可能遇到过寒冷的冬天，哪怕穿着厚厚的羽绒服，冷风还是直往脖子里钻，手和脸都冻麻了。不过，要是乘坐汽车，那就舒服多了，安逸地坐在车里，看着车窗外的景色，真是惬意呀！

不过，汽车这样沉重的钢铁巨兽，一旦失控，就会造成很大的伤害。所以，想要开车必须经过学习，通过严格的考试，才能拿到驾照。开车时，司机也必须保证良好的精神状态，疲劳、犯困或者饮过酒可千万不能开车。即使很小心，我们偶尔还是会看到车祸的新闻。除了危险，我们难免会遇上堵车之类的情况。如图8-1所示，马上就到上课时间了，可是汽车还"困"在马路上，慢慢悠悠地往前挪，真是令人着急！

图8-1　堵车！真是令人着急！

那么，人工智能（无人驾驶）能解决这些问题吗？

什么是无人驾驶

要想知道无人驾驶能不能更安全、更方便、更快速，我们首先要明确一下，到底什么是无人驾驶。你一定觉得，这不是很清楚吗？无人驾驶或者叫作自动驾驶，就是开车不需要人，汽车能自己跑起来。这个说法当然没错，不过，要让汽车完全实现自主行动，是个难度颇高的大工程，所以，根据汽车的自主程度不同，科学家们把无人驾驶分成了多个等级。

2020年3月，我国参考国际规范制定了自己的自动驾驶标准，把无人驾驶分为6个等级。最低的是第0级自动驾驶系统（应急辅助）。0级自动驾驶其实算不上自动，因为这一等级汽车的智能系统既不能控制方向盘，也不能控制油门。汽车的控制权还是在司机手里。自动驾驶系统能做的就是，在出现危险的时候提醒一下司机。不过，这同样需要智能系统对路况有一定的识别能力和反应能力。

现在，0级自动驾驶已经很普遍了。大部分车安装了倒车雷达，一旦车快要撞上其他物体了，就会发出警报。还有的车配备了前部碰撞预警和车道偏离预警，如果车快要撞上前面的物体或者开偏了，就会向司机发出警报，如图8-2所示。可是，司机又不是看不见前面，这些报警内容不是多此一举吗？你可千万别这么想。一方面，司机在开车时，因为车身的遮挡，会有一些地方看不到（盲区），有了智能驾驶系统，就可以解决这个问题；另一方面，有很多车祸是由司机走神或者经验不足判断不准造成的，有了智能驾驶系统的及时提醒，就可以大大减少这些事故。还有的汽车甚至有防撞自动刹车功能。

前面有障碍物，快刹车！

图8-2 前部碰撞预警

更高级一些的就是1级自动驾驶系统（部分驾驶辅助）。这一等级的自动驾驶系统，已经可以在人类驾驶员的协助下，控制车辆的方向或加减速了。比如，有些汽车有自适应巡航系统，可以和前面的车辆自动保持合适的距离。司机不用再踩油门，只需要控制好方向盘就行。这样在长途驾驶的时候，就能减轻他们的负担。也有的车辆能自动调整方向，驾驶员只需要控制油门和刹车。不过，对于1级自动驾驶系统来说，在同一时间，方向和速度只能控制一个。

如果自动驾驶系统可以同时控制汽车的速度和方向，就迈入了2级驾驶自动化（组合驾驶辅助）的门槛。它不仅能同时控制车距和保持在车道内行驶，还有其他有意思的功能。不知道你有没有见过爸爸妈妈开车不熟练的时候，停车时好半天都停不到停车位里。如果有了2级自动驾驶，就不用发愁了，它可以帮司机把车停好。不过，真正控制车辆的还是人，司机要在车上或者一旁仔细观察周围环境，随时准备刹车，如图8-3所示，所以只能称为驾驶辅助。迄今为止，研究自动驾驶的公司大多处于这个阶段。

3级驾驶自动被称为有条件自动驾驶。这个名字听起来就不一般，它已经不再是驾驶辅助，而是自动驾驶了！也就是说，在一些特定的情况下，汽车真的可以自己行驶了，司机可以去做一些其他的事，比如读书，如图8-4所示。不过，每辆车的自动驾驶功能可能会有一定的区别，具体能做什么、不能做什么，还是要以实际说明为准。在畅通无阻的高速公路上长途驾驶，或者是在拥堵的车流中缓慢移动，这些比较简单、单调的场景都是3级自动驾驶发挥功用的场合。不过，司机也不能完全放手，因为当遇到复杂的情况时，自动驾驶系统还是需要司机手动进行操作。

图8-3　2级自动驾驶的自动泊车功能

图8-4　3级自动驾驶可以让你在开车时读书

一旦实现4级自动驾驶，也就是高度自动驾驶，在一定的场景下，就不再需要司机的参与了。比如，4级自动驾驶的自动停车系统，只要下车后发出停好汽车的命令，司机就可以直接离开，什么都不用管了。

最高级的5级自动驾驶，就是完全自动驾驶，更是完全不需要人类参与驾驶，甚至连方向盘、刹车和油门都可以通通拆掉！上车后指定好目的地，你就可以去补个觉了，如图8-5所示。

完全交给我吧!

图8-5　最高级的自动驾驶不需要方向盘

截至2020年，世界上还没有真正成熟的5级自动驾驶技术，我们离完全的自动驾驶还有一定距离。不过，无人驾驶是一个正在蓬勃发展的火热领域，无人驾驶技术的不断前进也是毋庸置疑的。

无人驾驶是如何实现的

无人驾驶是综合运用多种技术的结果。人类开车需要仔细观察道路状况，观察行人车辆，然后确定自己该怎么开，如图8-6所示。人工智能同样需要感知环境和做出决策。

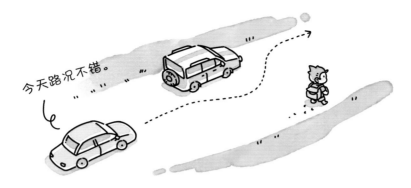

图8-6　人类开车需要观察路况，确定怎么开

　　人类感知环境要靠眼睛和耳朵，对于汽车来说，它的眼睛和耳朵就是各种各样的传感器。无人驾驶汽车上最常见的传感器有普通雷达、激光雷达、摄像头、超声波传感器、卫星定位系统等，如图8-7所示。普通雷达一般安装在汽车前部，它会发射电磁波，电磁波如果遇到障碍就会反射回来，被雷达接收，这样就可以判断前方的路况。激光雷达安装在汽车顶部，旋转着发射激光，通过反射回来的激光获得前、后、左、右各个方向的信息。激光雷达也经常用在扫地机器人身上。摄像头则直接拍摄汽车周围的环境，然后通过计算机视觉技术提取信息，识别出车辆、行人、道路。超声波传感器和雷

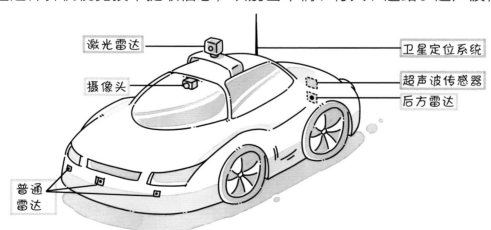

图8-7　无人驾驶汽车上有多种传感器

达很相似，只不过前者发射和接收的是超声波，而后者用的是电磁波。卫星定位系统可以根据太空中的人造卫星来确定自己的位置，中国的北斗系统、美国的GPS系统都是常用的卫星定位系统。自动驾驶汽车上的每一种传感器有它们各自擅长的地方，也会有各自的缺点，所以必须在人工智能的控制下通力合作。在一辆自动驾驶汽车上，甚至会有20多个传感器。

除了传感器，无人驾驶还需要高精度地图。人类司机使用的地图导航App，有导航、路径规划、提示拥堵等功能。在驾驶过程中，司机可以轻松地把抽象的地图和具体的道路对应起来。哪怕地图存在3～5米的偏差，也不会对人脑造成干扰，甚至人类都不一定能发现地图出错了。

但对于无人驾驶汽车来说，情况完全不同。车载智能系统能精确地识别地图，却无法轻松完成抽象地图到现实的转换，如图8-8所示。因此，无人驾驶汽车必须使用特制的高精度地图，标记出道路上的每一个细节，而且精度需要控制在20厘米以内。可想而知，绘制这样的地图非常困难。好在传感器和人工智能在这个领域也能发挥作用，只要开着装有传感器的数据采集车走一圈，就可以自动完成很多工作。

图8-8　无人驾驶需要高精度地图

有了传感器和高精度地图，汽车就装上了高科技的"眼睛"。驾驶汽车的人工智能会综合所有信息来判断路况。

路况是无人驾驶汽车判断如何行动的信息基础。此外，无人驾驶汽车必须掌握行车规则并具备丰富的驾驶经验。这需要对人工智能进行大量的训练。工程师和科学家们会利用虚拟仿真环境训练自动驾驶人工智能，让人工智能快速学习；也会将无人车放在真实道路上进行训练和测试，保证学习成果能在现实中发挥作用。国外有些起步较早的无人驾驶公司，已经在虚拟环境中对无人驾驶汽车训练了几十亿千米。即便因为安全、法律和成本等方面的限制，在真实道路上测试无人驾驶汽车困难重重，但也在飞速展开。仅在2020年，我国就进行了超过200万千米的无人驾驶汽车真实道路测试和训练。经过训练，人工智能可以像人类一样，判断出路上的行人、其他车辆会如何运动，进而合理地规划自己的行动。

除了无人驾驶汽车本身的感知和决策能力，科学家们对于如何让它更好地行驶，还有一些别的思路。让无人驾驶汽车观察周围环境，只能知道自身情况，有时还是会和别的车辆产生冲突。那么，要是汽车能够相互"沟通"、自动协商路线呢？如果当一辆车要转弯，就立刻通知周围的车避让，周围的汽车也会马上反馈自己适不适合马上避让，这样汽车就可以实现最高效的配合，如图8-9所示。有的科学家提出，这种"沟通"可以不局限在车与车之间，而是扩展到车与人之间，通过人身上的智能设备来向汽车报告人的位置，从而让无人驾驶汽车更安全也更好地为人服务。还有科学家提出，可以改造公路，在公路上也安装智能设备，实现汽车和道路的协同配合。不过，这些方案目前还处于研究阶段。

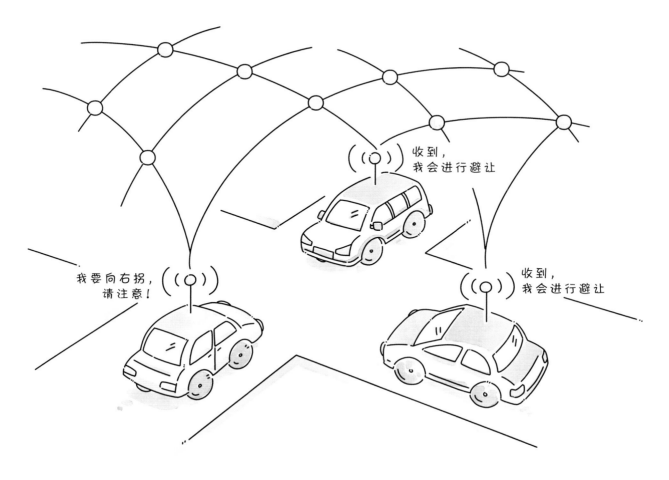

图8-9　有科学家设想让无人汽车能互相"沟通"、自动协商路线

无人驾驶安全吗

　　汽车带给我们很多便利，但车祸也让人类遭受了很多伤痛。据世界卫生组织统计，全世界每年有124万人死于交通事故，这一数字在2030年可能达到220万人。

美国是汽车大国，甚至被称为车轮上的国家。2013年，致力于交通安全的著名非营利组织"ENO交通中心"分析了美国的车祸数据。在美国，每年会发生大约550万起车祸，其中3.3万起车祸中有人失去了生命。但是，在这550万起车祸中，有93%的车祸主要是人为因素造成的。其中，在31%的车祸中，司机有酒驾行为；而司机在开车中分心走神，也出现在大约20%的车祸中；除此之外，超速、司机因经验不足而判断失误、因斗气而恶意驾驶、不遵守交通规则等，都是造成车祸的重要原因，如图8-10所示。

图8-10　很多车祸的起因和人为因素有关

人工智能不喝酒、不分心、不生气，也不会疲劳打瞌睡，而且能严格遵守交通规则，

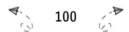

那么，前面提到的那些由人为因素造成的车祸，就完全可以避免。另外，人类只有两只眼睛和两只耳朵，在开车时基本只能专注于一个方向，但无人驾驶汽车就厉害多了，它可以安装更多、功能更强大的传感器，更清楚地捕捉车辆周围的各种情况，做到360°无死角，即使是车后面也可以一览无余。计算机的反应速度也比人类更快。经过专业训练的短跑运动员的反应速度已经接近人类的极限，他们在听到发令枪声后，只需要0.1秒的时间，就可以做出起跑的反应。但是，这个速度对于高速行驶的汽车来说还不够，一辆在高速公路上以110km/h正常行驶的汽车，在0.1秒的时间内就可以前进3米多，这差不多是一辆车的长度。对于普通人来说，反应时间至少还要加倍，而且开车所需要判断的内容也比听发令枪起跑更加复杂。综合考虑下来，人驾驶汽车，从看到紧急情况到刹车发挥作用大概需要1.2秒，这足以让高速行驶的汽车前进大约30米。但是，只要给无人驾驶汽车安装性能更强的车载计算机，人工智能的反应时间可以大幅缩短，这样，出现意外时应对起来也就更容易。所以，无人驾驶汽车可以大大减少人为原因造成的车祸，挽救更多人的生命。

ENO交通中心的研究显示，如果美国的公路上90%的汽车换成自动驾驶汽车，那么至少可以减少420万起车祸，可以让2万余人免受伤害。

不过，无人驾驶也可能带来新的安全隐患。首先，自动驾驶技术还不够完善，有时无法正确识别道路上的行人或各种障碍。这其中一部分是因为人工智能算法存在漏洞，比如美国一家公司的无人驾驶汽车，就曾因存在漏洞，多次发生事故。最严重的一次，汽车没有识别出一位推自行车穿过马路的行人，导致行人被撞后不治而亡。

此外，人类在训练人工智能的时候，对于那些罕见的障碍物很可能没有进行足够的训练。2020年6月1日，一辆开启了"自动驾驶辅助功能"的汽车，在高速公路上径直撞上了一辆翻倒后横在路上的大货车。一方面，这确实是因为司机没有遵守使用自动辅助驾驶的安全规范——没有时刻注意路况；另一方面，也是因为车上的人工智能系统没有正确识别出前方的障碍。有分析认为，事故中的人工智能可能主要专注于分辨车头和车尾，但是车顶这样的位置，也许没怎么见过，因此没认出来，如图8-11所示。

这是什么东西？
怎么从来没见过？

图8-11　人工智能系统无法及时识别没有训练过的图像

除了人工智能本身带来的问题，无人驾驶还可能会面临黑客的入侵。黑客凭借自己所掌握的计算机和网络技术，发动网络攻击或偷偷潜入别人的计算机、网站。当然，大多数黑客并不会滥用他们的技术，他们对网站发起攻击，往往是受到网站所有人的委托来测试网站的安全性能，这些人又被称为"白帽黑客"。但是，也有一些人滥用技术，他们盗取别人的信息，或者用各种手段攻击别人的网站来获取非法利益，这些人往往被称为骇客（Cracker）。

　　无人驾驶汽车需要人工智能来控制，同样是一个计算机系统，只要联入网络就有可能被入侵。普通的计算机被入侵，一般会损失一些数据和财产，但是，如果汽车这样的设备被入侵，受到坏人的控制，很可能会危及人的生命安全！不过，网络安全也是无人驾驶汽车的开发者非常重视的问题，他们和白帽黑客合作，为无人驾驶系统增加了一层又一层防护，所以，想要入侵无人驾驶汽车，也并非易事。

　　还有一点不得不引起重视，目前这种仍然需要人类干预的低级自动驾驶，可能会让司机更容易分心。在自动驾驶过程中，司机不需要经常控制汽车，而汽车自动驾驶无法处理的很可能是需要迅速反应的突发情况，所以司机必须时刻保持关注，以防突然出现意外，这样矛盾的状态很容易让人陷入被动疲劳。

　　这显然是非常危险的，现实中有很多事故就是这样发生的。尤其是对于接近3级的自动驾驶，已经足够智能，可以让车辆自己行驶，但是还没有智能到可以完全脱离人类监控的水平，这个阶段最容易让人松懈，所以3级左右的自动驾驶一定要配备完善的驾驶员监控系统，如图8-12所示。

图8-12　驾驶员监控系统

无人驾驶为什么能缓解堵车

乘车时，我们难免会遇到堵车的情况。无人驾驶也许可以提供一条新的解决途径。为什么无人驾驶就能解决堵车问题呢？

除了那些因为修路或者发生事故造成的堵车，生活中还有一种情况也是很常见的——那就是"毫无缘由"的堵车。堵了很久，好不容易通过了堵车的位置，但是发现根本没发生什么特殊情况。这到底是为什么呢？实际上，这主要是因为人们开车的时候无法做到同步协调。

人们开车行进在路上，如果都能保持同步协调，一起匀速前进，就不会发生堵车，但是这个状态其实并不稳定。有很多原因可能让某辆车临时减速，比如道路上有块石头，有人横穿马路，或者前方有车变道。你可能觉得减一下速然后再很快跟上不就好了，不会造成什么影响。但实际上，第一辆车减速了，第二辆车也必须跟着减速。此外，因为人的反应需要时间，那么第二辆车需要更大幅度的刹车才能不撞上前车。重新加速时，第二辆车也需要反应一下，才能重新跟上。这会形成连锁反应，第一辆车影响第二辆，第二辆车影响第三辆……最终，有几辆车完全停了下来，明明看起来畅通无阻的道路就拥堵了。

在日本名古屋大学，有人做过一个有趣的实验：很多辆车排成一个圈，先开始排在一定间隔，然后要求各位司机尽可能匀速绕圈行驶。尽管司机们知道这是实验，并尽可能匀速行驶、和前车保持适当距离，但随着时间的推移，就出现了细小的波动，有的车一不小心和前车距离缩短了，并踩了刹车；再过一段时间这个波动放大了，最终还是发生了交通拥堵，如图8-13所示。

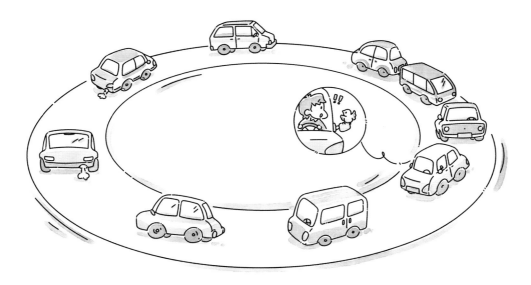

图 8-13　车流中的微小波动放大后会产生堵车

这样的过程也发生在通过红绿灯路口时，不同的车起步速度不一样，大大拖延了整个车队通过路口的时间。

如果所有车能同步加速、减速，就不会发生堵车了。但是，人与人之间又没有心灵感应，怎么可能所有车一起移动呢？虽然人类做不到，但是对于无人驾驶来说，这完全不是困难——更加精确地控制车距，恰当地加速、减速，有了车联网，还可以互相交流进行协调。这样就可以极大减少因为车辆行驶不同步造成的堵车。有数学家计算过，只要有2%的自动驾驶汽车，就能减少50%的走走停停的情况。

无人驾驶出租车

说了这么多，你真的体验过无人驾驶汽车吗？如果你在北京、上海、深圳、长沙、

广州等城市，就有机会在打车的时候约来一辆无人驾驶出租车。

2020年10月，百度公司的无人驾驶出租车在北京开启开放道路的测试运营。在此之前，滴滴出行于6月份在上海开启自动驾驶网约车试运营。除此之外，AutoX、文远知行等公司也在不同的城市进行了无人驾驶出租车的测试运营。

那么，乘坐无人驾驶出租车到底是一种什么感觉呢？有记者体验了百度公司在北京的无人驾驶出租车。通过百度地图软件预约后，一辆装有激光雷达和摄像头的黑色轿车缓缓来到了记者身旁。

无人驾驶出租车配备了激光雷达、毫米波雷达、GPS定位模块，以及摄像头等设备。无人驾驶出租车内部和普通轿车的看起来差不多，不过中控台上方和后排座椅前方各有一块显示屏，以三维动画实时显示无人车的各种传感器感知到的世界：周围的自行车、轿车、公交，以颜色不同的积木状模块动态呈现。

在十多分钟的乘坐过程中，记者感觉车辆总体行驶比较平稳，但在起步、转弯等情况下有时处理不太平顺，坐久了还是有点晕车。如出现急刹车，车辆还会迅速用智能语音道歉："刹车刹猛了，求原谅！"

在世界范围内，在无人驾驶出租车领域占领先地位的是美国的Waymo公司。2020年10月，它开始在美国凤凰城运营没有安全员的无人驾驶出租车。当然，为了安全起见，Waymo公司还是可以通过网络远程对出租车进行紧急操作。

什么是"魔鬼"码头

如果你参观过大型港口，一定会感到震撼：像山一样的万吨货轮运来无数集装箱货柜，码头上的工人驾驶着巨型吊车将集装箱从船上卸下，再交给川流不息的一辆辆卡车运走，如图8-14所示。大型港口的码头彰显了人类科技和工业的力量。这也是无数司机、工人密切配合的结果。

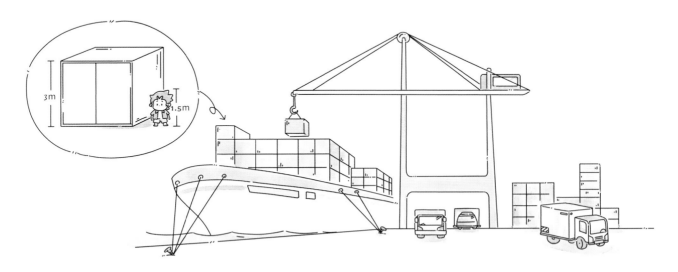

图8-14　大型港口的码头可以停靠万吨货轮

2017年12月2日晚上，"芝加哥"号货轮即将驶入青岛港。其实它应该在前一天抵达，可是风暴让它不得不放慢脚步。这也让后面的行程不得不推迟，很可能会造成巨大的损失，除非青岛港能在极短时间里完成全部货物的装卸。但"芝加哥"号是一艘大型货轮，足有10层楼高，面积有3个足球场那么大，运载着1785个集装箱。按照之前的经验，如此繁重的装卸任务，根本不可能在短时间内完成。为了完成任务，青岛港的工作人员引导"芝加哥"号停靠在了一座特殊的码头。

只过了9个多小时，全部集装箱居然装卸完了，这个速度和以前相比足足快了一半。更让人惊讶的是，在整个装卸过程中，居然几乎没有人参与！那么，到底是谁负责搬运这些沉重的集装箱呢？总不会是魔鬼吧？

实际上，"芝加哥"号停靠的是一座神奇的"魔鬼"码头。人工智能取代人类，控制了龙门吊车、卡车等设备。在这个码头，最重要的技术之一就是无人驾驶。本应由人类司机驾驶的大卡车，换成了人工智能系统控制的自动导引运输车（Automated Guided Vehicle，AGV）。它可以全自动行驶，完全不需要人类干预，甚至连驾驶室也省去了，如图8-15所示。它的行驶精确度比人类更高。载上货物后足有70吨重的AGV，停车的误差也不会超过2厘米。电量不足时，AGV还会自动回到换电站更换电池。

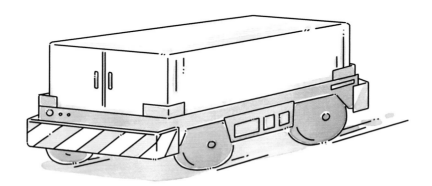

图8-15　AGV不需要驾驶室

人与人工智能

 禾木： 人工智能这么厉害，真希望人工智能快点发展，让真正的人工智能时代早点到来啊！

 桃子： 可是，我听很多人说，人工智能会给社会带来破坏，会抢走人类的工作，甚至统治人类！

 小核桃： 人工智能虽然方便，但是这样的新技术对于整个人类社会也是一次翻天覆地的冲击。要想进入真正的人工智能时代，在很多技术之外的方面，我们也必须提前做好准备。不过，我们也不必过度担心，人工智能是人类开发的工具，只要妥善使用，人类社会与人工智能一定能共同成长，最终让人工智能技术造福人类。

人工智能会取代人类吗

人工智能迎来了发展的又一次高峰，我们又一次处在了时代浪潮的巅峰。不知不觉中，人工智能已经越来越多地融入我们的生活和工作。很多你没有注意到的角落，可能已经变成了人工智能的天下。

人工智能已经可以替我们干很多事，给我们提供了很多便利，但是在另一些方面，它带来的也许并不是好消息。很多工作岗位开始逐渐被人工智能替代，很多人也因此失去了工作。

曾经的工厂流水线上，成百上千名工人辛勤地工作，生产出一件件产品；但是现在，在应用了人工智能的无人工厂中，生产效率大大提高，只需要几十名工人就可以完成之前的工作量。那么，剩下的工人该怎么办呢？

快递小哥穿梭在大街小巷，为我们送来各种商品，但是随着人工智能的发展，以后穿梭在城市中的可能就是各种无人送货机器人，甚至是送货无人机，如图9-1所示。

图9-1 送货机器人

还有很多行业也受到了人工智能的"威胁"。司机被无人驾驶取代，翻译员被机器翻译系统取代，餐馆的服务员被智能点餐送餐系统取代。2018年，有相关机构做出分析，认为在未来20年，我国大概有26%的工作岗位可能被人工智能取代。

这样的担心确实不无道理。人工智能取代人类的事情其实已经在不断发生，我们也必须为此做好准备。

很多人认为人工智能还只能做那些非常简单、单一重复性的工作，然而事实并非如此，越来越先进的人工智能其实也擅长解决特别专业的问题，其中一个典型的例子就是翻译。也许机器翻译系统在文采上还有不足，但是在日常很多领域，其效果已经足以与人类翻译员相媲美了。那些根据信息、数据和经验进行分析判断的工作岗位，也很可能会被能搜集更多信息、能更快更精准地分析数据的人工智能所取代，比如金融、法律行业的某些数据分析岗位。

不过，我们也不必太过忧虑。这种新技术取代人的想法其实并不新鲜。在科技发展的过程中，越来越多的新机器被发明出来，每次新机器诞生之初，人们总是会担心机器会抢走自己的工作，甚至还有人曾组织起来砸掉机器。但是，科技在消灭一部分工作岗位的同时，还会再创造出很多工作。

实际上，不只是人工智能为人类服务，要让人工智能做得更好，也需要人类为人工智能服务。在未来，围绕人工智能，一定会诞生更多的工作内容。

另外，人工智能往往只能替换掉人类工作岗位中的一部分，而不是全部。必须承认的是，在很多领域，人类已经远远比不过人工智能了。不过，强大的人工智能也只是在这些领域上很强大，只能处理这些特定的问题。这样的人工智能，我们称为专用人工智能（也叫弱人工智能）。它们只是模拟人类的思维方式、工作方式，编写出来的程序而已。

但是，人类能做的远不只是解决某个特定问题。继围棋世界冠军李世石败给了AlphaGo之后，另一位围棋世界冠军柯洁也以0:3输给了AlphaGo。遭遇惨败的柯洁在赛后失声痛哭，让观众为之心痛。不过我们也看到，柯洁输了，他哭了；虽然AlphaGo赢了，但是它不会笑。

柯洁不只会下围棋，他会哭会笑；会在比赛后接受记者采访，谈自己的感受；训练时可以和其他选手交流自己的心得体会；下完棋可以自己坐车回家；放松时可以看电影，读小说。但是AlphaGo呢，它在围棋比赛场上所向披靡，可是它不会说话，不会开车，连泡方便面都不会。除了围棋，AlphaGo什么都不会，如图9-2所示。

图9-2　AlphaGo不能接受采访

在现实生活中，我们真正面临的问题都是复杂而全面的，远不是专用人工智能可以解决的。就好像比赛挖坑，人类工程师可能永远比不过挖掘机，但是挖掘机也不能代替人类工程师来统筹规划，组织工程施工。

所以，人类完全可以和人工智能做好配合，把那些内容专一但做起来很烦琐，要花很多时间和精力的工作交给人工智能，而人类则把精力花在更有价值的事上。比如，人工智能可以帮记者写简单的通稿，让记者可以有更多的精力去深入调查和思考。又如，人工智能可以帮助人类搜集数据并加以分析，让人类可以有更多的精力去和客户深入交流，进而提出更有价值的建议，如图9-3所示。

图9-3　人工智能可以辅助人类完成简单而烦琐的工作

堪比人类的人工智能

目前来说，专用人工智能无法真正思考，只能做特定的工作。不过，我们在科幻电影里看到的人工智能可不是这样的。科幻电影里的人工智能会思考，有感情，看起来和人类没什么区别，而且几乎什么都会。那么，有没有这样的人工智能呢？

我们把这样堪比人类的人工智能叫作通用人工智能或强人工智能。强人工智能一直是人类的梦想，毕竟很多事是复杂的复合工作，只有能真正像人类一样思考的强人工智能才能胜任。实现了强人工智能，也许就意味着真正破解了意识的奥秘。

不过很遗憾，强人工智能的实现至今还遥遥无期。人工智能的研究者们普遍认为，强人工智能至少应该有这些能力：自动推理，使用一些策略来解决问题，在不确定性的环境中做出决策；知识表示，包括常识知识库；自动规划；自主学习、创新；使用自然语言进行沟通；最后，整合以上这些手段来达到同一个目标。实际上，人工智能技术在自动推理、知识表示等领域都已取得了一些突破，但很难说已经达到了人类的能力。此外，强人工智能不是这些内容的简单拼凑，而是有机组合，在这个方面，科学家们还举步维艰。

强人工智能的实现，很可能无法通过计算机科学的单打独斗来实现，还需要像脑科学、神经科学、心理学等多学科的全面配合和深度融合，才能弥补现有技术的不足、补齐短板。也许强人工智能实现的那一天，意味着人类真正解开了智慧的奥秘。

人类为人工智能做了什么

随着人工智能的快速发展，很多人类做不到的事，人工智能可以轻松完成。不过，至少在现阶段，有一件事人工智能还做不到——那就是创造人工智能。

从"人工智能"这个词我们就很清楚地知道，它是人类创造出来的。人工智能可以变得这么聪明，离不开人类的努力。在人工智能领域，流传着这样一句话："有多少人工，就有多少智能。"

那么，人类到底为人工智能做了什么呢？

对于像专家系统这样的人工智能，它们必须依赖大量的知识。这些知识不管是用产生式规则、框架、知识图谱还是其他方式，都是对人类所掌握的知识的总结。构建专家系统需要人类专家和计算机工程师合作，把人类专家的知识经验变成程序。

在人工智能的第三次浪潮中，机器学习得到了发展。我们似乎不再需要一点点地把人类的知识转化成人工智能的知识了。但是，人工智能仍然需要人类来编写算法。即使是机器学习技术可以让人工智能自己学会辨认图像、声音，学会开车，学会写文章，可是它为什么会学习呢？这就是要靠人类工程师为它们编写学习算法。创造AlphaGo的科学家们虽然不可能在下围棋领域胜过AlphaGo，但是他们让AlphaGo有了学会围棋的能力。

人工智能有了学习的能力，还需要用来学习的"教材"，也就是数据。我们不止一次地说过，人工智能需要大量的数据，尤其是现在基于深度神经网络的人工智能。

虽然人类也需要经过学习才能掌握知识，但是人工智能需要的数据可比人类多多了。只要我们见过红苹果，那么再遇到一个绿苹果时也能认得出来。但是，人工智能可没法学得这么快，做不到只通过一张图片或者一段视频就认出各种苹果，换个颜色甚至换个角度，它可能就不认识了。所以，人类需要教人工智能去认识各种各样的苹果，红苹果、绿苹果、黄苹果、正面看的苹果、俯视的苹果、切开的苹果、咬一口的苹果……即使在互联网的帮助下，搜集数据变得方便了很多，但是要得到大量高质量的数据，仍然不是一件容易的事。

怎样为人工智能编写合格的"教材"

在互联网上直接产生的数据往往都是"脏"的。这个"脏"是说，在这些数据里可能混杂着其他无关信息，也可能缺少某些信息，还有可能是其中的某些数据是错误的。为了把"脏"数据变干净，我们必须进行数据清洗，也就是剔除数据中的错误，筛选掉不需要的无关内容，对于缺失的信息进行补充或者去除，把数据整理成合适的格式。

除了数据清洗，还有一个很重要的工作就是数据标注。看过《写给青少年的人工智能 发展》的同学也许还记得，机器学习中一个很重要的方法就是监督学习；监督学习必须使用有"参考答案"的"教材"，也就是有标签的数据。我们想让人工智能识别动物，不能只是单纯地给它一张照片，而是要标注好这张是猫，那张是狗，另外一张是鸟。这样的数据可真是不多见。

为了获得足够多这样有标签的优质数据，我们需要对数据进行预处理。这就是数据标注，在人工智能飞速发展的现在，数据标注已经变成了一种专门的职业。如果说人工智能是"学生"，数据是"课本"，那么数据标注师就是编写课本的"老师"。

我也能训练人工智能吗

经常上网的同学一定会对这样一个"东西"非常熟悉：它有时长得让人眼花缭乱，有时在我们登录网站或者软件时碍手碍脚，它通常是字母或数字，但也可能有别的样子，还有可能是让你回答问题，拖动滑块，点击图片。它到底是什么呢？你一定已经猜到了，它就是验证码，如图9-4所示。

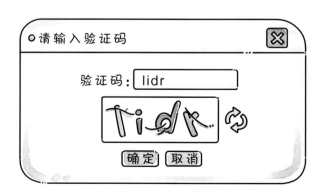

图9-4　验证码常由扭曲的字母或数字组成

　　各种各样的验证码真是有些烦人。难道是网站和软件的设计者们故意为难我们吗？验证码的英文名称为CAPTCHA，这个单词其实是一个复杂词组的缩写，即Completely Automated Public Turing test to tell Computers and Humans Apart，翻译过来就是"全自动区分计算机和人类的公开图灵测试"。

　　什么？这些乱七八糟的图片就是大名鼎鼎的图灵测试？图灵测试不应该是和人工智能或者人类聊天，斗智斗勇，努力把藏在"幕后"的人工智能揪出来吗？没错，验证码的作用就是区分计算机和人类。它虽然不能和你聊天，但是确实也算是"斗智斗勇"了。验证码会由计算机自动生成一个问题让用户来解答，利用只有人类智慧可以完成的任务把"非人类"拒之门外，从而防止广告机器人之类的恶意程序，如图9-5所示。最常见的做法就是识别复杂的图片。

图9-5　验证码的作用是区分人类和机器人

　　不过，我们这次想说的不是如何用验证码分辨人工智能，也不是人工智能能否突破验证码的阻止。实际上，还有人开发了验证码的其他用途，那就是用来做数据标注。

如果你填写过验证码，那么很可能无意中参加了数据标注工作。

我们之前介绍过如何把人工智能用于文物保护。除了实体的文物，还有很多古代书籍也在经受时间的洗礼，一些流传已久的优秀作品、资料也面临着同样的风险。以前我们只能用重新抄录的方式来保存，但现在有了人工智能，我们可以把古籍的内容数字化。

不过，尽管计算机视觉技术已经非常发达，但是免不了有一些内容难以识别，尤其是对于那些污损的部分。有一些公司就在验证码中加入了一些人工智能识别不出来的古籍文字，借助人类的力量进行标注破解，比如reCaptcha验证码系统。起初，这种验证码由两部分组成，一部分是正常的验证码，另一部分是人工智能识别不了的古籍文字。只要你能答对正常验证码，就会被认为是人类。同时，如果你能正确地认出验证码，那么剩下的古籍文字也很可能认对。如果很多人对同一段古籍文字做出一致的解读，就可以认为这个解读是正确的。

reCaptcha系统后来还加入了其他内容，比如让用户通过验证来辅助识别街景照片。

不得不说这样使用验证码确实很有创意，不过也引起了一些争议。有人认为，这样的行为利用了用户的劳动，可是却没有支付报酬。

人工智能的共享"教材"

要为人工智能编制一份合格的"教材"，必须经过数据采集、清洗、标注，这确实不是一件容易的事情。缺少足够的数据，也成了阻碍人工智能发展的一大因素。

为了解决这个问题，一些科学家决定为人工智能编写"公共教材"，也就是开源数据集。华人科学家李飞飞带领团队建立的ImageNet项目就是其中最著名的一个。从

2006年开始，李飞飞就产生了建立图片数据集的想法。当时大多数人工智能科学家关注的重点是模型和算法，而李飞飞觉得为什么不从数据下手？如果扩展和改进用于训练人工智能算法的数据，是不是能让人工智能学得更好？经过3年的努力，ImageNet项目诞生了。

ImageNet项目是一个庞大的图片库，用于图像识别人工智能的研究，建立于2009年。现在，在这个图片库中，有近1500万张标注好分类的图片，有100多万张还做了边框，包含2万多种不同的物体。

2010年以来，ImageNet项目每年举办一次软件竞赛，也就是ImageNet大规模视觉识别挑战赛（ILSVRC）。2012年，辛顿带领他的学生参加了ImageNet竞赛。利用深度学习算法，第一次参加比赛的辛顿团队直接以84%的正确率获得冠军；而没有采用深度学习算法的第二名，正确率只有73.8%。

人工智能正在"统治"人类

人工智能变得越来越聪明，而且在很多领域已经逐渐超越了人类。很多人不由得开始担心起来："会不会有一天人工智能全面超过人类，然后统治人类呢？"

了解了专用人工智能的局限以及强人工智能面临的困难，你应该放心了吧？虽然强人工智能还没有出现，但是你也许已经在人工智能的"统治"之下了。还记得我们提过的推荐系统吗？各种新闻、视频或者购物平台的人工智能算法，根据你的浏览记录自动分析你的爱好，然后有针对性地向你推荐内容。推荐系统确实很好用，可以让我们不再需要从各种混杂在一起的信息中费力地筛选自己喜欢的内容，而是直接为我们过滤掉那些不喜欢的话题和观点。

但是，只看自己喜欢的内容是一件好事吗？你一定听过那句名言："风声雨声读书声声声入耳，家事国事天下事事事关心。"我们还听过："兼听则明，偏听则暗。"这些名言警句都告诉我们必须保持开阔的眼界，那么我们应该广泛了解各种各样的信息。如果只能看到各种平台根据我们的爱好推荐的内容，那么我们的视野会被局限在很小的范围内，想法也会越来越封闭，甚至逐渐失去全面看待问题的能力。这就像为自己编织了一个茧，困在其中，我们常把这种情况称为"信息茧房"，如图9-6所示。当我们被困在"信息茧房"中，只能看到人工智能为你挑选的内容，这是不是也是另一种形式的"统治"呢？

图9-6 "信息茧房"

人工智能要遵守伦理道德吗

在生活中，人人应该遵守伦理道德。不过，我们从来不会要求机器讲道德。你会要求一个电饭锅（或者其他电器）对人保持尊重吗？

但是，越来越聪明的人工智能，使让人工智能遵守伦理道德已经不再是一个滑稽的问题了。那么，人工智能的应用到底应该遵守哪些道德呢？

使用人工智能必须注意保护人类隐私

在人工智能时代，人们关注的一个重要问题就是隐私。人工智能都是由大量的数据训练出来的。但是，这些数据都是从哪里得到的呢？大部分数据来自互联网上的用户。在获得越来越多人工智能服务的同时，你也不知不觉地把自己的各种信息提交了出去。你享受了便捷的人脸识别服务，但是也把自己的人脸特征存储在了网络服务器上；打开外卖软件，你会选择自己喜欢吃的饭菜，但是你的日常饮食习惯也就留在了平台上；你只是单纯地在街上闲逛，各种各样的摄像头就会拍摄下你的活动轨迹，分析你的活动习惯。人工智能越"智能"，就越需要获取、存储、分析更多的个人信息数据。

但是，这真的是我们想要的吗？如果这些隐私信息得到妥善保管，只是严格地用于服务，那自然很好；但是，一旦泄露，就很可能被用于犯罪。

人工智能为什么会产生歧视

人工智能伦理的另一个典型问题就是算法歧视，或者称为算法偏见。我们懂得要平等地尊重每个人，不能歧视他人。偏见和歧视就是，仅仅因为一个人的身份/性别，而不是他实际的行动，就对他/她做出负面评价，如图9-7所示。比如，有人认为学习成绩差的同学品德也不好，这就是歧视。除此之外，国家、肤色、性别、贫富、教育、职业和年龄等，都可能是产生歧视的原因。遭受偏见、被人歧视的滋味可不好受，我们也不应该对别人有偏见。

图9-7　认为女孩子学不好编程是性别歧视

不过，在大多数人的印象中，计算机与人工智能往往象征着理性。就像电影《流浪地球》中的MOSS那样，剔除了所有感性因素，永远做出最客观的理性决策，最后对为了希望选择拼死一搏的人类发出感叹："让人类保持理智确实是一种奢求。"

歧视这种行为可不怎么客观理性，充满理性的人工智能也会像人类一样产生歧视吗？事实告诉我们，这种现象并不少见。

一些大型公司会有多达几十万名员工，每年也会招收数万名新员工，美国亚马逊公司就是其中之一。为了快速审核大量求职者的简历，亚马逊公司使用了人工智能。但是，后来人们发现这个人工智能居然有性别歧视！选择的男性远比女性多，而不是仅仅根据员工能力来决定。

美国也曾用人工智能来预测犯人以后再次犯罪的可能性，来决定如何判刑；但后来人们发现，这个人工智能只能预测可能性，所以有很多人被人工智能判断为高风险，但其实他们后来没有再次犯罪，也就是发生了误判。

为什么没有意识的人工智能也会出现偏见呢？虽然人工智能的原理并不存在偏见，但是人工智能毕竟还是由人类创造的，执行的是人类的意图。所以，人工智能的歧视和偏见实际上还是来自人类。它可能是因为编写人工智能算法的工程师和科学家设定了不恰当的规则，比如，如果想通过长相来判断学习成绩，那么人工智能很可能会得到不正常的结果，产生偏见。

另外，人工智能是通过数据来学习的，如果数据本身就包含偏见，那么人工智能自然也会产生偏见。数据的采集和标注都需要人的参与，那么产生带有偏见的数据就不足为奇了。有些人脸识别系统对白人男性识别率很高，就是因为训练时使用的数据不合适——训练图片大多是白人男性的。2019年，人们还发现前面提到的ImageNet带有一定的偏见。

2016年3月，微软公司在美国上线了聊天机器人Tay。微软公司给Tay的设定是一名19岁的少女，她可以和网友互动，并且在这个过程中学习。但让人意外的是，没过多久，Tay居然学会了说脏话和歧视别人，成了一个"问题少女"。这是因为有人故意教给Tay一些偏激的言论，导致Tay学习的数据出现了问题。

基于深度学习的人工智能是一个黑箱（只知道效果，而不知道内部原理的系统），这就意味着我们几乎无法真正地分析、判断、理解人工智能的思路，如图9-8所示，这也让利用技术手段避免人工智能偏见变得非常困难。

图9-8　深度学习的黑箱特点让人们很难分析人工智能的思路

　　随着人工智能逐渐深入社会的方方面面，人类借助人工智能进行决策的场合越来越多，类似的歧视和偏见也会更加常见。毫无疑问，这样的偏见是有害的。无论是我们前面说的审核简历、预测犯罪，还是像信用贷款之类的其他场合，一旦使用的人工智能带有歧视和偏见，就一定会对人类的利益造成损害。

　　人工智能科学家们已经越来越重视这个问题，采取各种方式来避免人工智能歧视。比如，增加人工限制，阻止人工智能做出不好的行为；研究更具解释性的人工智能，让人类能看懂并能分析人工智能的思路。

人工智能如何承担责任

　　还有一个常见的问题是，如果人工智能犯了错，是否应该承担责任呢？人类如果

违法犯罪，一定会受到法律的制裁和道德的谴责。但是，对于人工智能来说，这可能就有点困难了。

我们可以设想这样一种情况，如果一辆真正的5级无人驾驶汽车因为行驶错误造成车祸，那么应该由谁来承担责任呢？如果按照现在的规则，似乎应该由汽车的主人和使用者来承担，但是对于无人驾驶汽车来说，使用者是乘客，而不是司机。乘客对于汽车如何工作是没有控制权的，要因此承担责任就不太合适了，如图9-9所示。

图9-9　无人驾驶汽车出事故是否应该由使用者承担责任

那么，应该由无人驾驶汽车的制造者来承担吗？无人驾驶汽车的行为归根到底取决于人工智能算法，而人工智能算法则是由汽车厂家来设计制造的。汽车厂家的产品出了问题，现阶段来说，由它们承担责任似乎也理所应当。但是，如果人工智能的自主性进一步发展，甚至实现了强人工智能，有了自主决策的能力，那时再让生产者为人工智能负责可能就不太合适了。

那么由汽车来承担？这种想法似乎有些怪异。现阶段的人工智能实际上并没有自己的意识，自然也没有承担责任的能力。去惩罚人工智能显然是没有意义的，我们也无法和人工智能打官司。如果未来的人工智能真的有了自己的意识，也许可以承担责任，如图9-10所示。

图9-10　如果人工智能有了自己的意识，也许可以承担责任

不过，这也带来了诸多新问题，既然人工智能有自我意识，人类如何与它们相处？如何防止人工智能伤害人类？人工智能需要承担责任，那么它们是不是应该有和人类一样有基本的权利呢？

这些问题无一不在困扰着社会学家、法学家和其他相关的人们。可以肯定的是，在科学发展的过程中，伦理道德观念和相关法律也必须一起发展。